よく
わかる

電子機器実装の品質不良検査とコスト削減

杉山俊幸 著
髙木 清 監修

日刊工業新聞社

まえがき

大型のICT機器から小型の電子機器まで、プリント配線板に部品を実装した電子回路は広く使われています。その機器には、高い品質が要求されています。

本書は電子機器の実装にて発生する品質不良、その流出による損失を減少させ、また発生を防止することによりコスト削減を可能にするには、どのような観点で実施したらよいかに焦点を当てて解説しました。

電子機器実装においてコスト削減を考えるとき、

●品質（Q）をコストで考えたことがありますか。

●時間（T）をコストで考えたことがありますか。

すなわち、QCT（あるいはQCD）をコストという共通のモノサシで考えたことがあるでしょうか。

品質を優先するかコストを優先するか、という問題は生産においてよく議論されるテーマであると思います。しかし、品質を上げることで後の市場のクレーム対応や工程内の廃棄や手直しがなくなれば、それらのムダなコストは削減されます。つまり、品質の向上はコストの削減に大きく寄与します。

品質向上やコスト削減と一口で言っても、それは必ずしも簡単ではありません。特に昨今の日本では、若手技術者の方が現場で、実際の品質不良を目にすることが少なくなりました。しかし品質不良の流出をなくすには、品質不良とはどのようなものかを、事象例を見て知っておく必要があります。また、市場流出防止に関わる検査の先端技術の概要を把握しておくのも大切です。品質不良の発生を防止する上で、人・設備・材料など品質変動に関係する要素や、予兆検知などの考え方を概観しておくのは重要なことです。

加えて、品質不良の発生を契機とするムダな時間をなくすといった視点が必要です。ムダな時間には機会損失という、やるべきことをやらなかったことによる失われた利益が発生しています。

このように、品質と時間をコスト（及び利益）で考えることは非常に重要です。つまり、品質・コスト・時間は優先順位を決めるのではなく、同時に成立させることを総合的に考えるべきであるといえるのです。

本書は電子機器実装に関わる若手技術者やリーダの方々に向けて、品質不良に基づくコストの削減課題を解決するための考え方を記しました。また、管理者の方々にも興味を持っていただけると考えております。なお、部品を実装したプリント回路板に関する内容を多く記載していますが、土台となるプリント配線板との関係は深く、重要ですので、プリント配線板と部品実装とを関連付けながら記述いたしました。

本書が様々な電子機器実装の品質不良、検査に関わるコストとの関連とその削減、さらに利益向上の一助になれば幸いです。

2020 年 5 月

杉山　俊幸

目　次

1 電子機器の実装とは

本章では、品質不良検査やコスト削減について述べる前に電子機器実装の基礎的なことに触れます。

1.1 電子機器の例

現在広く用いられている情報処理装置、電子回路を用いた制御装置は、社会インフラストラクチャーとして、生活のあらゆる面で使用されています。情報処理装置としては、図1-1のようなクラウド用コンピュータ、スーパーコンピュータ、大型サーバーなどがあり、情報量が増加するに従い巨大になり高速、高性能となってきています。また、図1-2のようなパソコン、スマートフォンや家電機器のように、小型化されたものが

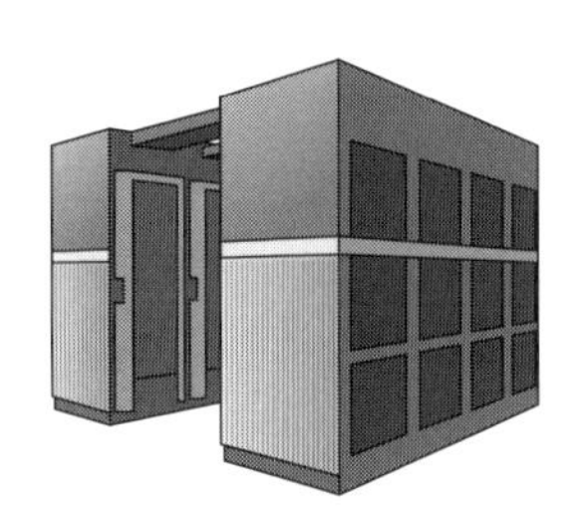

(a) スーパーコンピュータ

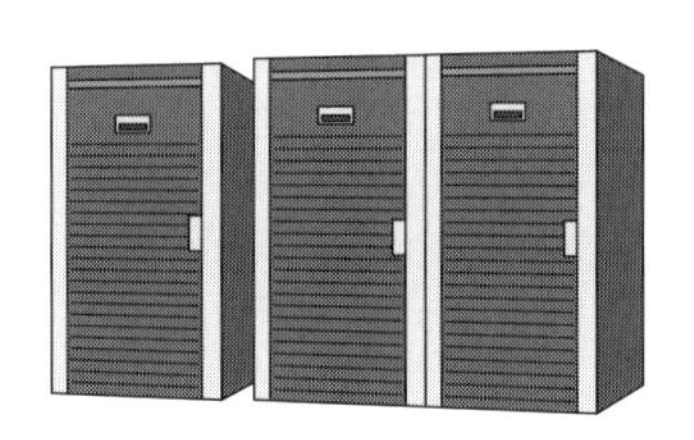

(b) サーバー

図 1-1 インフラ系 ICT 機器の例

(a) スマートフォン

(b) パーソナルコンピュータ

図 1-2 小規模コンシューマー系 ICT 機器の例

(a) 電子化する自動車

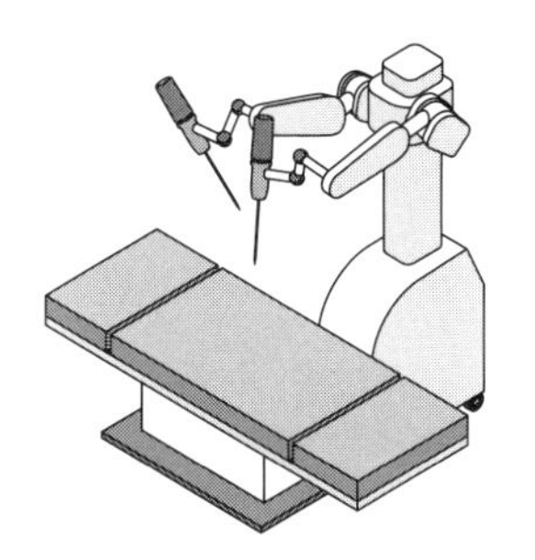

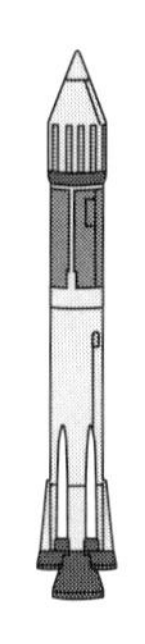

(b) 医療機器（遠隔手術装置など）　(c) ロケット

図 1-3　制御系 ICT 機器　内蔵する各種の装置の例

一般に普及しています。制御系としては、**図 1-3** に示すような宇宙機器、ロケット、自動車やロボット、医療機器などが挙げられます。いずれも今後ますます、小型化、高性能化が求められてきています。

日常の生活を向上させている電子機器ですが、これらの機器の電子的制御部分は通常目にすることはありません。しかし機器の内部には、その目的とする機能を実現するために電子回路が入っています。この電子回路とは、半導体 IC とその他の電子部品を必要な機能に合わせて接続したもので、これを**プリント回路板（PCB：Printed Circuit Board）**と言います。また電子部品の接続には**プリント配線板（PWB：Printed Wired Board）**が使われています。このように電子機器が目的とする機能を実現する電子回路をプリント配線板上に構成し、電気的に接続することを**実装**と言います。

1.2　プリント配線板

プリント配線板は絶縁板の表面、あるいは、表面と内部に接続用の導体配線を持っているものです。この導体パターンに電子デバイス、電子部品をはんだで接続すると、設計で目的とした電子回路の機能が作られます。電子機器の規模により異なりますが、方式は同じです。

プリント配線板は導体層の数により、**図 1-4** のように、

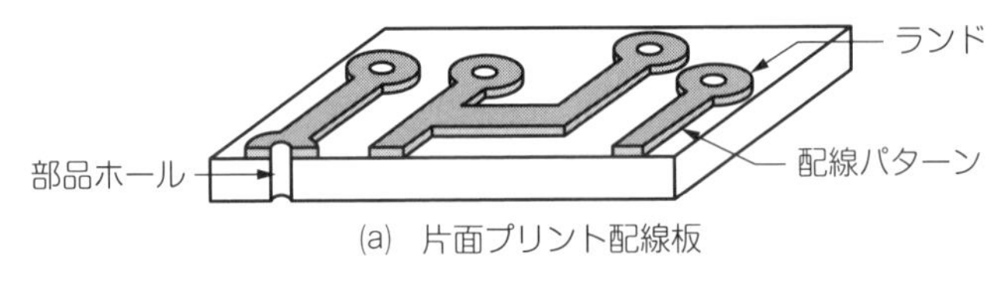

(a) 片面プリント配線板

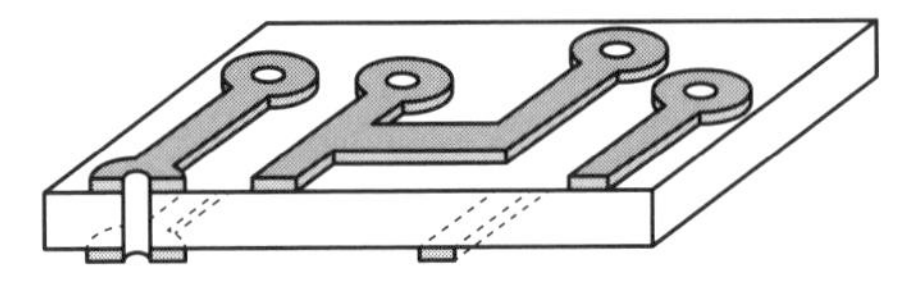

(b) 両面プリント配線板（スルーホール接続なし）

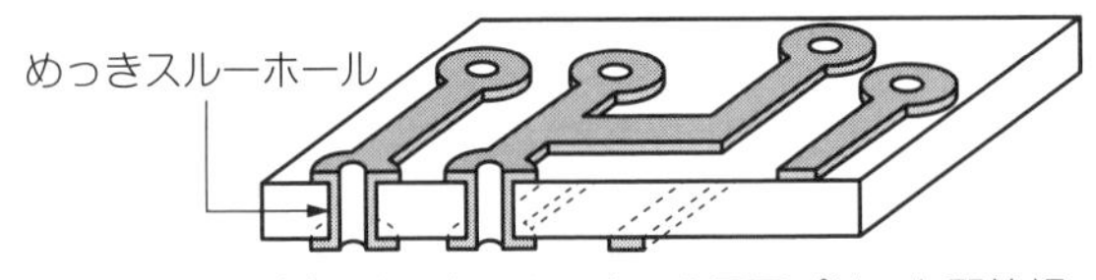

(c) めっきスルーホール両面プリント配線板

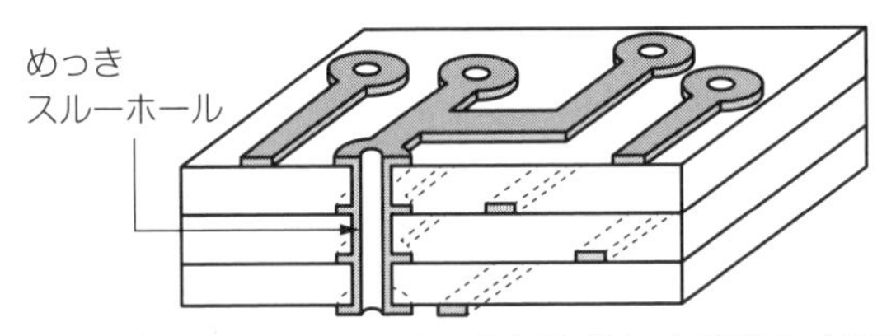

(d) めっきスルーホール多層プリント配線板（4層）

図 1-4 プリント配線板の種類

(a) 導体パターンが片面のみにある、片面プリント配線板（1 層板、片面板）、

(b) 導体が両面にあり、両面の導体パターンの接続にめっきを用いない、両面プリント配線板（2 層板、両面板）
※この板については作り方が片面板と類似しているので片面板のところで説明します。

(c) 導体が両面にあり、両面の導体パターンをめっきで接続している、両面プリント配線板（2 層板、めっきスルーホール両面板）

(d) 導体を表面と内部に配置し、各層間の導体をめっきで接続している、多層プリント配線板（めっきスルーホール多層板）

があります。

この分類は、主に板が固いリジッド配線板で用いられます。フィルムを用いるプリント配線板は呼び方が異なることがありますが、基本的には同じです。

図1-4(a)に示したのが片面板で、ランドと呼ぶ円形または多角形の導体の中心部に、部品のリードを貫通した穴があけてあります。電子部品を搭載、接続するために、この穴に部品リードを通し、リードとランドをはんだで接続します。片面の場合、部品を搭載する面を部品面、はんだ付けをする面をはんだ面と言います。搭載する部品が増えるに従い配線量も多くなるので、片面板では部品間の接続をするのに配線パターンを交差させることができなくなります。このため、部品を載せる数も限られてきます。

電子機器の小型化に従い、部品を小さくして沢山の部品を配置し、より部品の搭載密度を高めるという取組みが急速に進み、配線を交差させる必要がでてきました。このために両面板が必要になり、図1-4(b)のように配線パターンを板の両面に配置して接続をします。片面板と同じように両面に配線パターンを作製します。表裏の導体パターンを接続するために、表裏のパターンを図1-4(c)のようにめっきで接続するめっきスルーホール法が開発され、均一に、合理的に接続することができるようになり、非常に広範に用いられるようになりました。これは、積層板に貫通した穴をあけ、この穴の内面の絶縁体表面にめっきを行い、表裏のパターンを接続するものです。この方式により、搭載する部品の数は多くなり、小型化、高性能化に寄与しました。

しかし、電子部品は半導体を中心に、急速に高集積化、高性能化しており、半導体素子1個より引き出される入出力端子数が飛躍的に多くなってきました。しかも、部品形状は小型化しているので、部品と接続する配線を1枚のプリント配線板に収容するためには、導体の層数が上下2層では不足で、図1-4(d)のように絶縁板の内部にも配線板パターンを配置した多層プリント配線板が必須のものとなってきました。内外の配線パターンは縦、横、斜めなど、すべての方向に配線を形成し、さらに、層間の配線パターンをめっきで接続しています。この層間の接続を、層

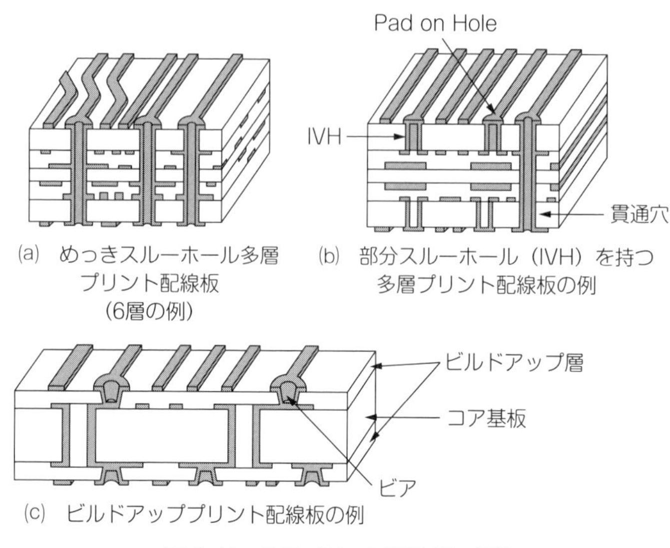

図 1-5　多層プリント配線板の構造

間接続、他に立体接続、Z方向接続などとも言っています。

図1-5は多層プリント配線板の構造を断面で示したもので、図1-5(a)は6層板で板を貫通して穴をあけ、これで内層と接続しているもので、めっきスルーホール多層プリント配線板です。図1-5(b)は両面のめっきスルーホール板をさらに積層して6層としたもので、より高密度になっています。この内部にめっきスルーホールを持つものをIVH（Interstitial Via Hole）と言っています。図1-5(c)がビルドアッププリント配線板と言われるもので、コア基板の上に微細なパターンと微小穴を持つビルドアップ層よりできています。

めっきスルーホールによる接続法は、同じ工程で多層板、両面板両方を作ることができます。

めっきスルーホール法を発展させた、めっきや導電性ペーストを用いたビルドアッププリント配線板があり、現在、広く実用化しています。

1.3　プリント配線板の製造プロセスの例

現在、プリント配線板の製造にはめっきスルーホールプロセスが中心で、高密度化を行うために、めっき法ビルドアッププロセスが用いられています。

1.3.1　めっきスルーホールプロセス

多層プリント配線板の製造プロセスを図 1-6 に示しました。始めに内層のパターンをフォトエッチング法で導体パターンを作成し、これを設計指定の層構成で編成、接着シートであるプリプレグとともに積層プレスで積層板にします。内層との接続のために指定位置の穴をあけ、ここにめっき法で無電解銅めっき、電解銅めっきを行い、内外層を接続します。この後、外層パターンを形成します。導体パターン完成後、ソルダーレジストパターンを作成、外形加工、検査へと進め、プリント配線板として完成します。めっき法については、いくつかの方法があり、外層パターン形成との関連で選択しています。

スルーホールが完成した後、表面パターンにソルダーレジストを形成、外形加工、仕上げ処理を行い、検査後出荷します。この後工程はめっきスルーホールプリント配線板、ビルドアッププリント配線板とも同じです。

このプロセスのうち、内層パターン作成プロセスは片面板のプロセスであり、また両面めっきスルーホール板は両面銅張積層板を穴あけプロセスより適用することで作成することができます。

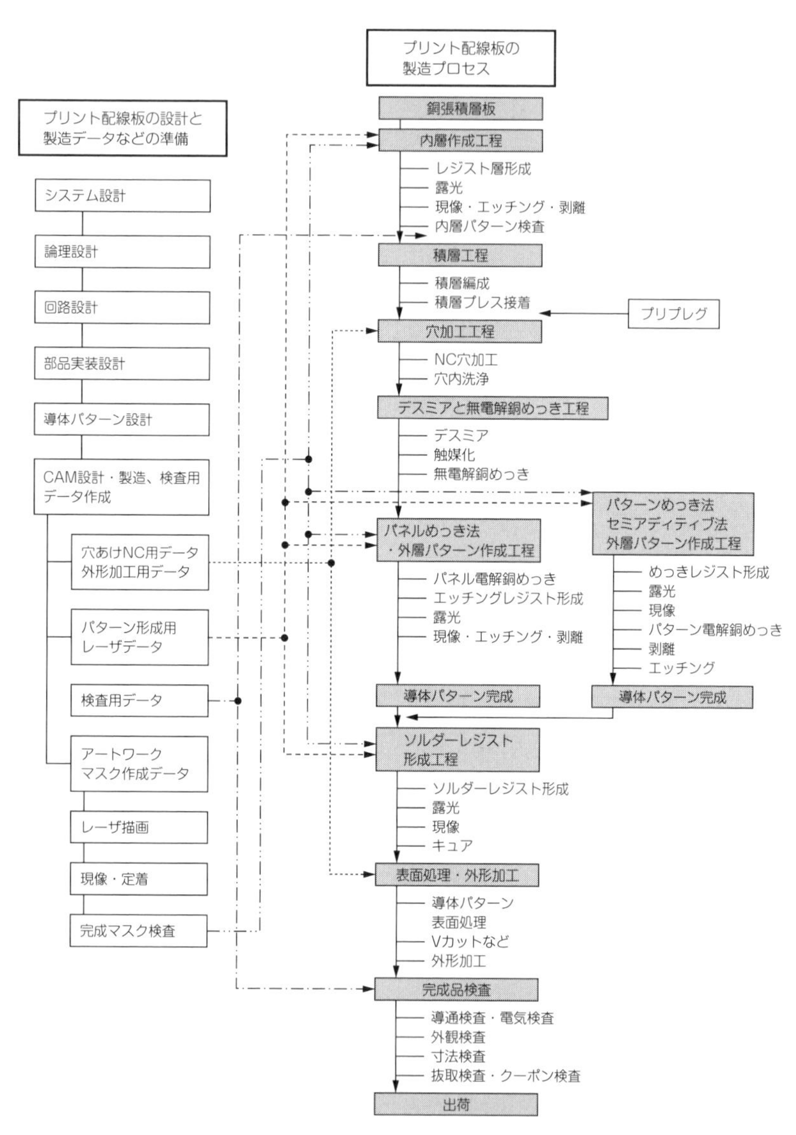

図 1-6 めっきスルーホールプリント配線板の製造プロセス

1.3.2 めっき法ビルドアッププロセス

この方法は微小穴で、微細な配線ができることが特徴で、高密度配線をもつものに適用されています。めっき法ビルドアップ多層プリント配

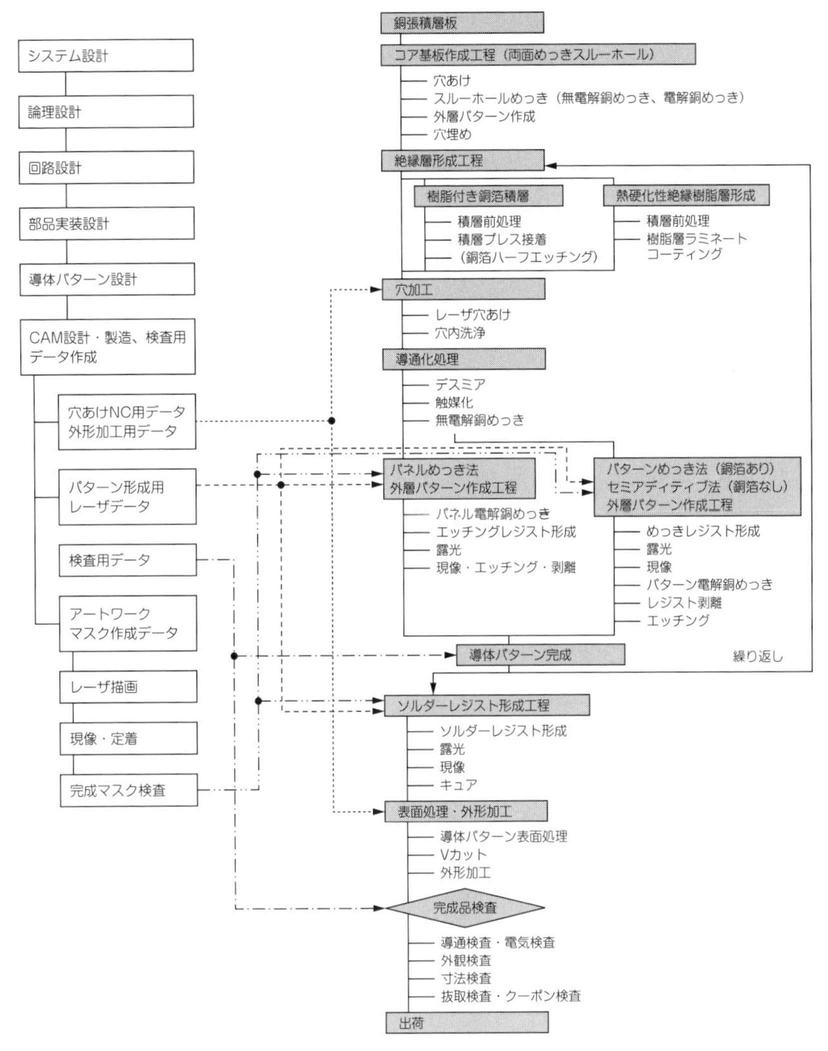

図 1-7　ビルドアップ法による多層プリント配線板のプロセス

線板の製造工程を図 1-7 に示します。中心部のコア材は図1-6のめっきスルーホール法で作られます。ビルドアップブロセスはこの両面コア材に絶縁材料、多くは絶縁フィルムを積層接着し、微小ビアをレーザを用いてあけ、めっきをしてビアの接続と表面の導体層を形成し、表面の導体パターンを作成します。穴あけから表面導体パターン作成までは、めっきスルーホール法と同じです。この後、さらに絶縁フィルムを積層し、ここに前記と同じく、穴あけ、ビアめっき、導体パターン形成を繰り返し行います。必要層数の形成の完了後、めっきスルーホールプリント配線板と同じく、ソルダーレジスト、仕上加工などを行います。

この方法は導体層を積み上げることにより、ビルドアップ加工と呼ばれています。このプロセスは本質的にめっきスルーホールと同じ考えです。ただ、層間を接続するビアを微小にすること、導体パターンを微細にすることが可能であるので、高密度プリント配線板として付加価値を作っています。

1.3.3　多層プリント配線板プロセスにおけるめっきの方法

穴あけ後にスルーホールやビアにめっきをしますが、無電解銅めっき後の表面の導体パターンの形成法について次の方法があります。

1）パネル表面に銅箔がある場合

1-a：パネルめっき法…スルーホールのめっきとともにパネル全面にめっきを行い、エッチングレジストで、銅層をエッチングする方法です。この方法はエッチングする銅層が厚く、エッチング方法によりますが、微細パターンの形成には難しいものがあります。

1-b：パターンめっき法…無電解銅めっき後、めっきレジストでめっき用パターンを形成し、パターン部のみ銅めっきを行い、レジスト剥離後、錫めっきなどのレジストめっきを行い、銅箔と無電解銅めっき層をエッチングする方法です。使用する銅箔は薄いほど精度が高くなります。とくに3 μmの銅箔を使用するものをMSAPと言うことがあります。

2）パネル表面が樹脂で、銅箔のない場合

2-a：パネルめっき法…1-aと同じく、樹脂層全面に無電解銅めっきを行い、エッチングレジストでエッチング、パターンを形成する方法です。この方法は特殊で、適用は限られています。

2-b：セミアディティブ法…パネル表面の樹脂層に、シード層としての無電解銅めっきを行い、ここにめっきレジストでめっきパターンを作成、めっきするものです。レジスト剥離後、レジストなしでシード層をエッチングするのが一般的ですが、場合よって、金属のレジストめっきを行うこともあります。シード層の厚さが小さく高精度のパターンを形成します。

2-c：シード層を形成せずに、無電解銅めっき用でかつ永久レジストとなるめっきレジストでパターンを形成、無電解銅めっきのみでパターンを形成する方法です。その後、レジストは剥離せず、永久膜レジストとしています。この方法は工程が少なく理想的と考えられますが、無電解銅めっきに長時間かかり、また、めっきレジストの耐アルカリ性が必ずしも充分ではないなどの問題もあり、現在、適用しているものは少なくなっています。

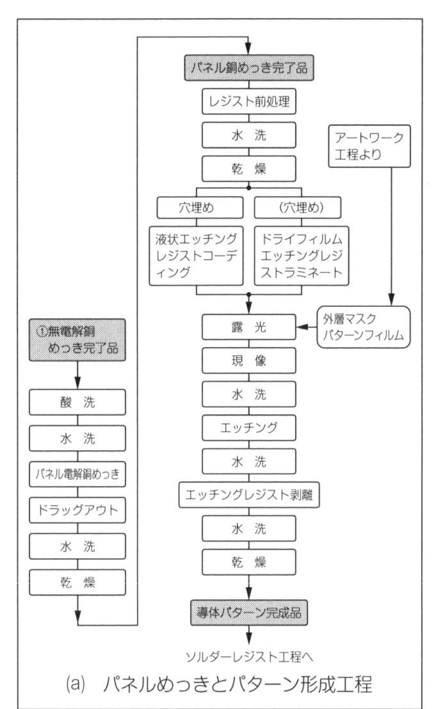

(a) パネルめっきとパターン形成工程

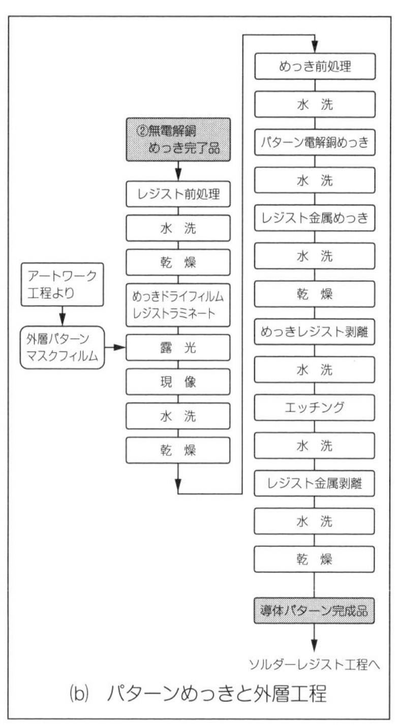

(b) パターンめっきと外層工程

註：パターン作成におけるめっき法が選択する工程で異なる。

図 1-8　外層パターン作成工程とめっき法の関係

表 1-1 電解めっき法と表面パターン形成によるプロセスの比較

方式		サブトラクティブ法（パネル面に銅箔をもつもの）			アディティブ法（パネル面が樹脂面のもの）		註
方法		パネルめっき法	パターンめっき法 （パネルめっきを層略もある）	MSAP 法	セミアディティブ法	フルアディティブ法	
材料		銅張積層板、プリプレグ	銅張積層板 プリプレグ	銅張積層板 プリプレグ	銅箔なし積層板 絶縁性フィルム	銅箔なし積層板	
銅箔		あり	あり（できるだけ薄い銅箔）	あり、3 μm 銅箔使用	なし	なし	
プロセスの特徴	シード層形成	無電解銅めっき　約 0.2～0.3 μm	無電解銅めっき　約 0.2～0.3 μm	無電解銅めっき　約×～2 μm	無電解銅めっき　約×～2 μm	無電解銅めっき　約 20～30 μm	×：最近は薄い厚さとしている
	電解銅めっきとその厚さ	◎必要とするパターン厚さ ◎通常　15～35 μm	◎必要とするパターン厚さ：15～35 μm ◎パネルめっき：約 5 μm ◎パターンめっき：パネルめっきと合計して必要厚さまで 注：パネルを省略することもある	◎必要とするパターン厚さ：15～35 μm	必要とするパターン厚さ：15～35 μm	なし	
	パターン形成法	◎エッチング用レジストで（銅箔＋銅めっき）を溶解 ◎エッチング後レジスト剥離	◎めっき用有機レジストで銅めっき、必要に応じエッチングレジスト金属めっき ◎めっき後有機レジスト剥離、シード層およびパネルめっき部分のエッチング、金属レジスト剥離	◎めっき用レジストで銅めっき、必要に応じエッチングレジスト金属めっき ◎めっき後レジスト剥離、シード層剥離	◎めっき用レジストで銅めっき、必要に応じエッチングレジスト金属めっき ◎めっき後レジスト剥離、シード層剥離	◎無電解銅めっき前に無電解銅めっき用レジスト（永久レジスト） ◎無電解銅めっきで終了	
完成品の特徴	特長	◎パネル全面にめっきをするので、厚さが均一になる ◎めっき工程よりパターン形成工程が連続して構成が可能となる	◎銅のエッチングが（銅箔＋電解銅めっき＋無電解銅めっき）で銅のエッチング量が少ない ◎レジストパターンで導体幅が規制されパターン精度が向上	◎使用する銅箔に 3 μm 厚を用いるので、銅のエッチングが（銅箔＋無電解銅めっき）で銅のエッチング量を少なくできる ◎レジストパターンで導体幅が規制されパターン精度が向上 ◎パターンめっきプロセスが適用できる	◎銅のエッチングが無電解銅めっきのみで銅のエッチング量が特に少ない ◎レジストパターンで導体幅が規制されパターン精度が向上 ◎ベースの無電解銅めっきがエッチングによりサイドエッチングが起こりにくく高精細なパターン形成に適している	◎無電解銅めっきのみでパターン形成、工程が短縮する	
	欠点	◎導体のエッチングが表面のレジストのみでサイドエッチングの制御が困難で、高精細のパターンの形成が困難 ◎銅のエッチング量が多くエッチング液の使用量が多い	◎ベースの銅箔がエッチングによりサイドエッチングが起こり、高精細パターンの密着性の減少がある　めっき厚みと銅箔厚みの比率の管理が重要	◎ベースの銅箔がエッチングによりサイドエッチングが起こり、高精細パターンの密着性の減少がある	◎パネル全面に厚付け無電解銅めっきをするので無電解銅めっきの使用量が多くなる ◎樹脂上の無電解銅めっきの密着性処理が必要	◎無電解銅めっきの析出に長時間が必要 ◎無電解銅めっき液の維持管理のコストが高い ◎長時間の無電解銅めっきに耐えるレジストがない ◎現在はほとんど適用されていない ◎析出銅の物性管	
ビルドアップ法への適用の可能性		◎薄葉銅張積層板とプリプレグの組合せで可能に ◎エッチング量が（銅箔＋めっき）多いので、パターン精度の確保が困難 ◎プリプレグの厚さ、銅箔厚さで、層間距離、ファインパターンに限度がある。 ◎従来の多層プリント配線板の製造ラインの適用が可能 ◎微細穴あけのためのレーザ用の銅箔パターン形成が必要	◎薄葉銅張積層板とプリプレグの組合せで可能に ◎エッチング量が（銅箔＋数 μmの銅めっき厚）でエッチング量が少なく、精度向上が期待できる。銅箔、めっき厚をより薄くすることで、精度が向上する。薄くすると MSAP 法と同じになる ◎従来の多層プリント配線板の製造ラインの適用が可能 ◎微細穴あけのためのレーザ用の銅箔パターン形成が必要	◎左の項目での、銅箔を 3 μm 厚銅箔を使用することが特徴 ◎エッチング量が少なくより高いパターン精度となる ◎極薄銅箔のコストが高いことを考慮することが必要 ◎3 μm 銅箔の接着法の検討が必要	◎絶縁材料として、特殊な絶縁フィルムの積層が必要 ◎パターンめっき法の適用で、エッチングはシード層のみとなり、高精度が期待できる。 ◎樹脂と無電解銅めっきの接着力向上が必要	◎研究開発が行われているが、実用化例はない	

図 1-8 の(a)パネルめっき法と(b)パターンめっき法でそれぞれの工程を示しています。図の通り電解銅めっきとパターン形成法の順序が逆になっています。

表 1-1 は各種のプロセスの特徴を比較したもので、適用製品により選択されています。

めっきスルーホール法では、ここに記したプロセスは１回の処理ですが、ビルドアップ法ではコーティングした樹脂上にパターンを作成する手法がこの表面パターン形成法となり、この上に樹脂層をコーティングすることで内層となりますので、この場合、常に外層作成プロセスが行われることとなります。

1.4　プリント配線板に実装する電子部品の例

部品はプリント配線板に実装するものはデバイス部品、単一の個別部品は電子部品と言われています。しかしここでは一括して、便宜上電子部品と呼ぶことにします。

電子部品のうち能動的な部品である半導体部品には、集積回路部品、単一なトランジスタ、ダイオードがあり、最近では MEMS があります。受動部品と言われているものに、抵抗、コンデンサ、インダクタ、コネクタなど、非常に多くのものがあります。プリント配線板への実装は、これらの部品とプリント配線板を接続する電極の形状が重要なものとなります。

図 1-9 に各種の電子部品の形状を示しました。プリント配線板への取付けでは、リード挿入型部品(a)を穴に挿入したり、表面実装部品(b)をプリント配線板上に搭載したりします。

図 1-10 に半導体部品の説明をします。

(a)はワイヤボンディング方式です。ワイヤにより引き出し、これをパッケージ基板に溶接するもので、パッケージ基板のほかにリードフレームに接続する方法もあります。パッケージ基板では、プリント配線板には柱状の PGA（Pin Grid Array）、バンプ方式の BGA（Ball Grid

(a)　リード挿入型部品の例

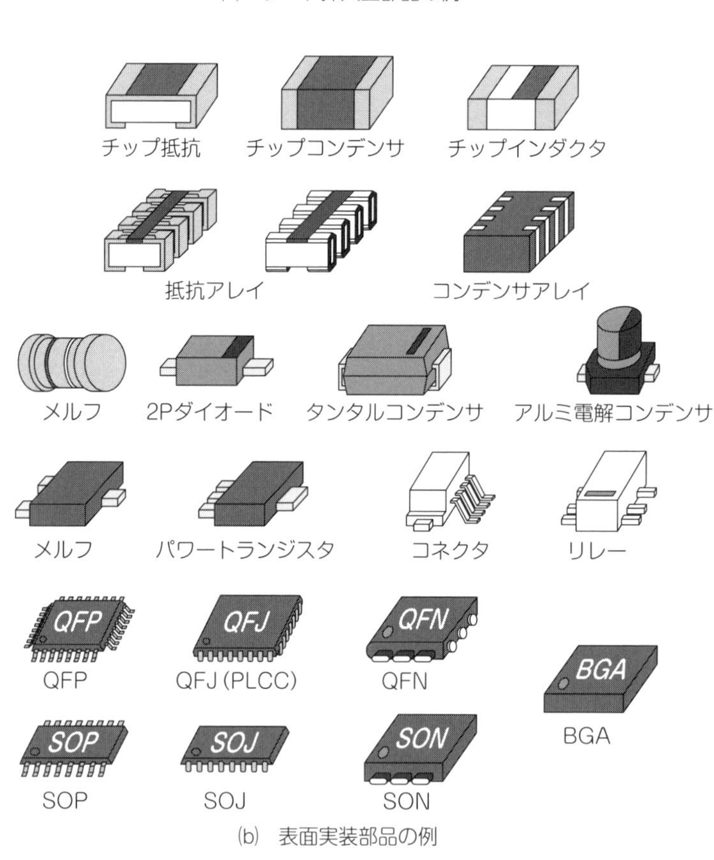

(b)　表面実装部品の例

図 1-9　電子部品の電極形状

シングルチップの電極形状

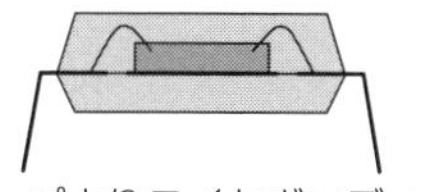

チップよりワイヤボンディング接続、外部にはリードフレーム接続

シングルチップ

マルチチップ部品のチップよりの引き出しと電極形状

積層チップよりのワイヤボンディング引き出し、プリント配線板へBGA方式

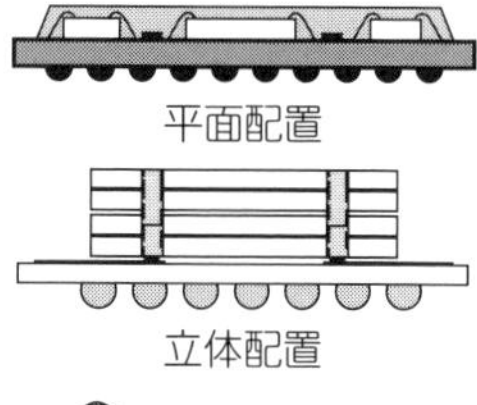

実際の接続状況

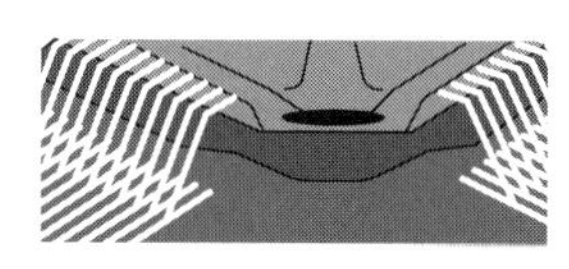

(a) ワイヤボンディング方式

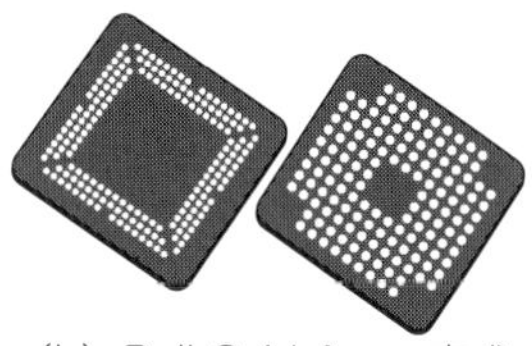

(b) Ball Grid Array方式

図 1-10　半導体の電極形状

Array）により接続しています。リードフレームでは金属板で作成したリードにより接続します。最初はチップの数が1個でしたが、次第に複数個搭載されるようになり、ワイヤの密度が高くなっていきました。

(b) BGA は、パッケージ基板上にチップを取り付け、反対側にバンプを形成し、プリント配線板に接続する方式です。この方式は大きく普及し、複雑なパッケージを形成してきています。チップをパッケージ基板に接続する方式としては、ワイヤボンディングだけでなく、微細なものになるとマイクロバンプ、フリップチップバンプなどがあります。またパッケージ基板上に直接するなど様々に変化しています。

1.5　実装階層と部品の接続

集積回路や個別部品などは単独で機能しないため、必要な機能を得るためにはこれらの部品を接続する必要があります。接続は一度にはでき

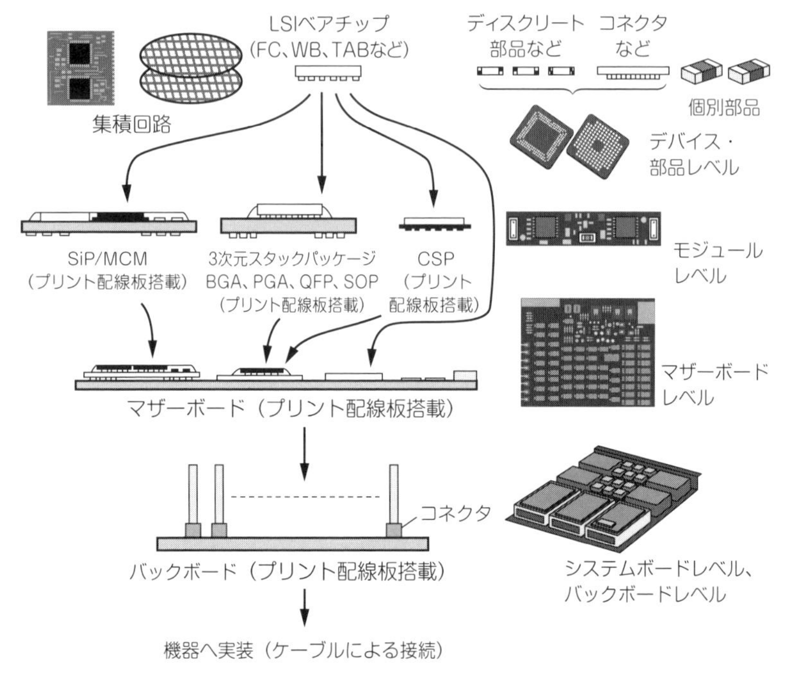

図 1-11　実装階層とプリント配線板

ないので、小さい単位でまとめ、徐々に大きくしていきます。このとき、電子部品類はプリント配線板上に搭載して、はんだなどで接続します。

電子部品は最初に小さい単位でプリント配線板に接続し、順次大きな単位に接続していきます。この様子が階層構造を構成しているので、これを実装階層という表現もあります。図 1-11 に実装階層の全体を示しました。より大きな規模とするためには、さらにケーブルで接続していきます。

図 1-12 のように、個々の部品類はプリント配線板上に搭載、多くははんだで接続を行っています。集積回路である半導体のチップは、直接システムを構成するプリント配線板（システムボード、あるいは、マザーボード）に搭載するには困難ですので、チップごとにパッケージ基板、あるいはインターポーザと言われる配線板に取り付け、これをプリント配線板上に搭載しています。LSI がより複雑になりますと実装階層も複

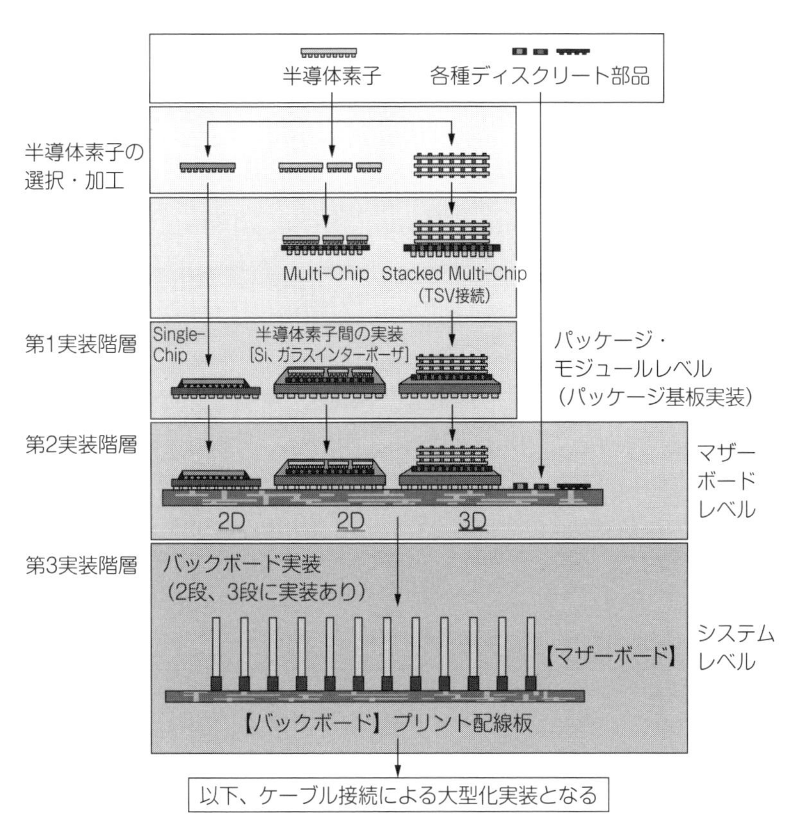

図 1-12　複雑化する IT 機器内の半導体素子の実装階層

雑になり、パッケージ基板上に 1 個でなく複数個搭載するものが増えています。

1.6　部品・デバイスのプリント配線板への接続方法

電子部品のプリント配線板上への接続方法として最も代表的なのははんだ接合ですが、その方法はいくつかあり、フロー方式とリフロー方式が一般的です。

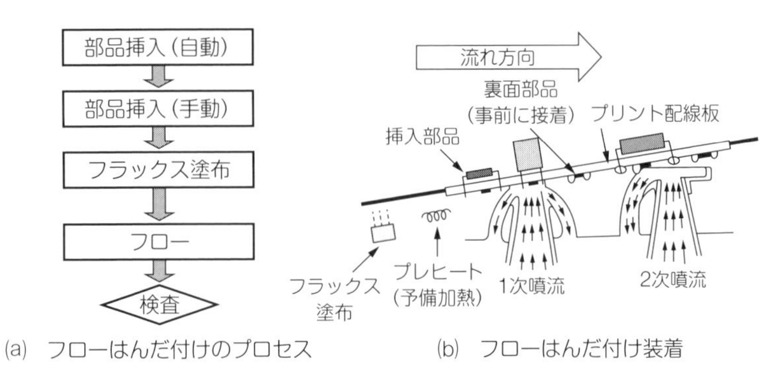

(a) フローはんだ付けのプロセス　(b) フローはんだ付け装着

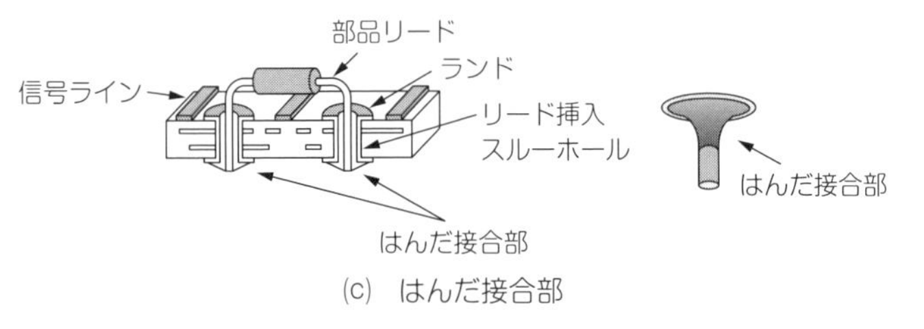

(c) はんだ接合部

図1-13　フロー方式

1.6.1　フロー方式

フロー方式のプロセスは図1-13(a)に示したように、プリント配線板に部品を挿入しフラックスを塗布します。その後、噴流上に噴き上げる流れにディップして、はんだ付けを行います。はんだ面（裏面）に電子部品を搭載する場合もあり、その際は接着材で部品を固定してからはんだ付けを行います。フローはんだ装置を図1-13(b)に、はんだ接合部を図1-13(c)に示しました。

フロー方式は、次節で説明するリフロー方式に比べ、実装密度の点で不利なところはありますが、はんだの接合強度などで有利な点もあります。高密度化の影響もあり、現代ではリフロー方式の方が多くなりましたが、例えば挿抜耐久性が要求されるコネクタなどは、今でもフロー方式が使われています。その場合は、基板の両面をリフローした後に、局所フローを行ったりします。

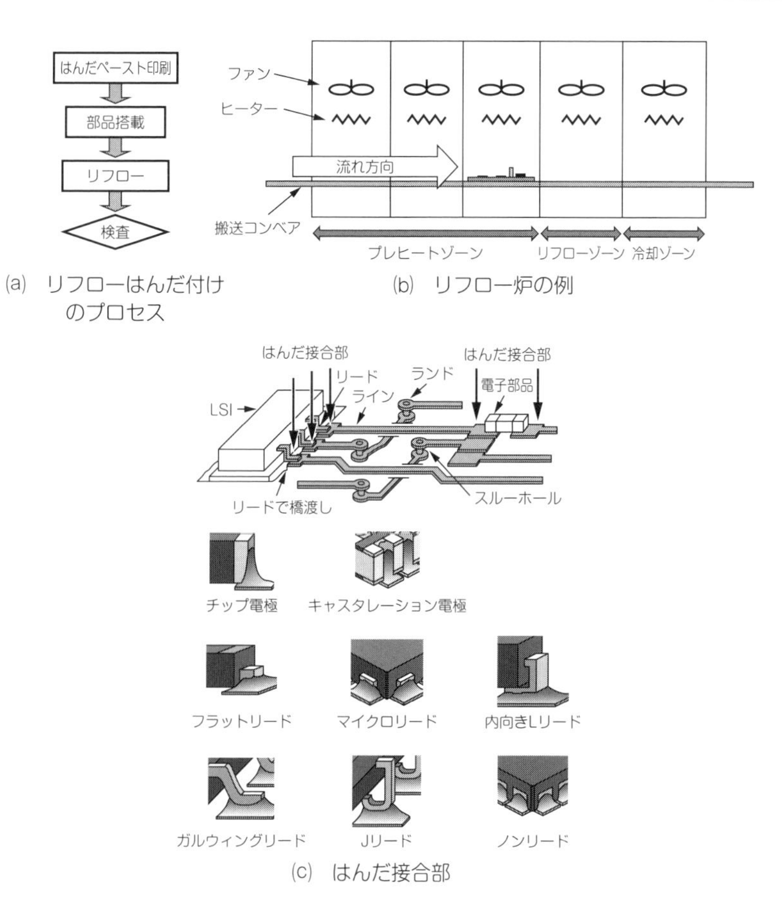

(a)　リフローはんだ付けのプロセス

(b)　リフロー炉の例

(c)　はんだ接合部

図 1-14　リフロー方式

1.6.2　リフロー方式

リフロー方式のプロセスは図 1-14(a)のように、プリント配線板のランド上にはんだペーストを印刷してから、部品を搭載します。その後、リフロー炉を通すことで、はんだ付けを行います。リフローはんだ装置の例を図 1-14(b)に、はんだ接合部を図 1-14(c)に示しました。現代では両面リフローが増えています。

2 品質が経営に及ぼす影響

電子機器実装において品質を経営的な観点で見ると、最終的にはキャッシュフローや利益、コストへの影響はどの程度となるかは気になるところです。例えば不良品を市場に流さないために検査設備を導入する場合は、設備投資の経済性を計算することがあると思います。例えば原価比較法という方法では、2つ以上の代替案を比較して原価の低い投資案を採択します。また回収期間法では投資額の早期回収という観点から投資案を評価する方法が考えられます。ほかにも投資利益率法（ROI 法）など様々なものがありますが、品質不良の失敗の削減や検査への投資効果は、認識を合わせることが難しい課題のひとつです。しかし、品質不良は信頼の失墜による既存顧客の喪失や、新規顧客獲得の機会を失う損失が非常に大きいと考えられます。このため、高精度なコストや利益の計算が不可能な現実から、基本的には不良ゼロを目指すのが基本方針になることと思います。

一方、昨今では一部の逸脱事例（大量リコールや検査不正など）を除き、品質改善活動を継続的に行うことで、品質不良が大きく減少した現場も多くなってきました。電子機器のプリント回路板の不良率が、部品単位でシングル ppm に達している現場も少なくありません。このようなことを考えると、品質不良によって生じるムダなコストだけでなく、品質に関わる総コスト削減を考えることが企業の品質競争力となりつつあるのではないでしょうか。本章では品質不良によって生じる失敗のムダとそれを防止する投資（検査/予防）に関してコスト観点で概説します。

2.1 失敗コスト

品質不良によって生じるムダなコストのことを、品質コスト（Quality cost、Cost Of Quality）の概念では、失敗コスト（Failure Costs）と言います。ほかにも関係する用語として不適合コスト（Nonconformity cost）や、低品質のコスト（COPQ：Cost Of Poor Quality）などもありますが、本書では失敗コストという用語を用います。

品質不良が市場に流出してしまった場合、具体的にどのような失敗コストが発生するでしょうか。例えば、クレーム対応の人件費や出張旅費などの苦情対応費用、代替品の工場仕切値や輸送費用などの代品交換コスト、顧客の損害が大きい場合は損害賠償コストなどが考えられます。

このような、外部の失敗で生じるコストを**外部失敗コスト（External Failure Costs）**と言います。また、外部の失敗は企業の信頼を損なうため、見えない多くの損失コストが発生します。例えば既存顧客からの仕事を失ったり、新規の仕事もなくなる可能性が高まることで、売上が低下し、得られるはずだった利益を逃すことになります。つまり、外部の失敗に伴い、様々な利益の損失が発生すると考えられます。このようなコストは測ることはできないため、隠れたコストや見えないコストと言われることもあります。

電子機器の基板製造において、品質不良が生じるとそれに起因してはんだ接合部の接触不良による異常発熱や、手直しによるはんだ付け不良に起因する焼損などを引き起こすこともあり、火災の原因になる場合もあります。図 2-1 に焼損した基板の例を示します。

実際に起きた事例として、デジタル家電系の製品では、電源ユニット内のコネクタのはんだ付け不良により接触不良が生じて、異常発熱から焼損に至ったケースがあります。また、チップコンデンサの手直し工程におけるはんだ不良から、外部応力によりクラックが発生し内部短絡して焼損した例があります。ほかにもはんだ接合起因により、サーミスタやトランジスタの焼損などが起きたりしています。自動車ではどうでしょうか。過去にはコネクタ端子のはんだ不足の問題や、不要なはんだにより短絡回路が形成されることで出火に至ったケースなどが存在します。

これらは一例に過ぎませんが、このような大きな失敗が生じると社会的な信用に影響し、最悪の場合は会社の存続に影響する可能性があります。

品質不良は手直しして市場に出て行かないようにすれば問題ないので

(a) 発熱で絶縁基板が黒化（焼損直前状態）

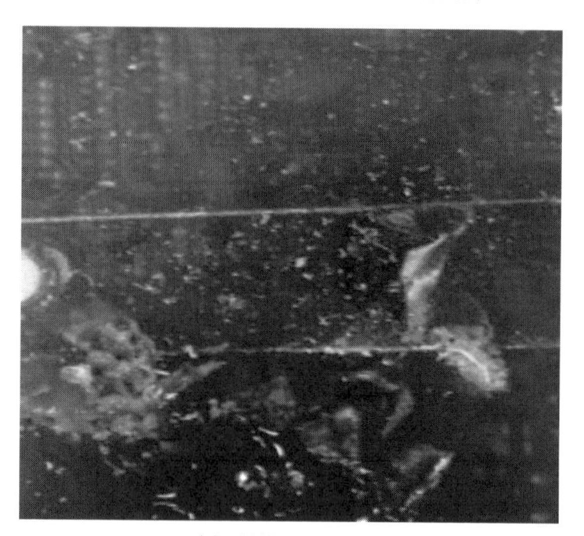

(b) 焼損による破損

図 2-1 プリント回路板の焼損事例（この状態での解析不可能）

しょうか。実際には、品質不良が市場に出て行かなくても、工程内で不良が発生すると、手直しのコストや廃棄のコストが発生します。このようなコストを**内部失敗コスト（Internal Failure Costs）**と言います。

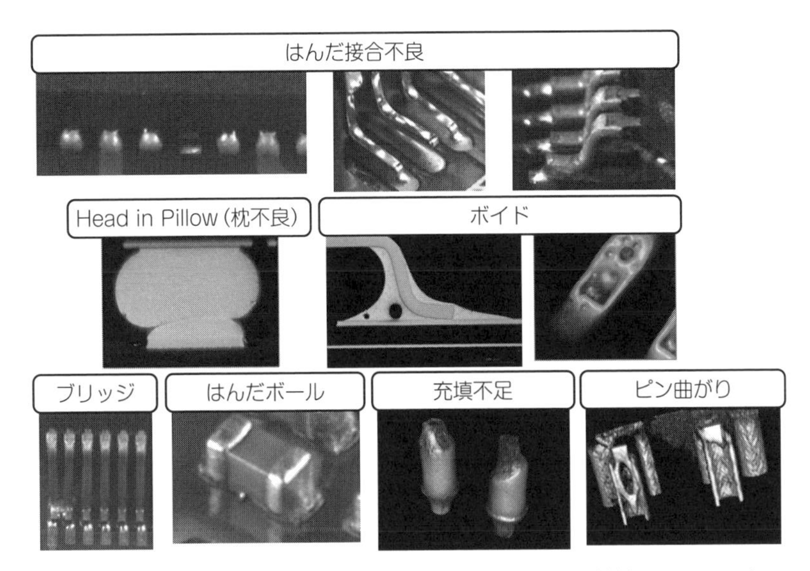

図 2–2　品質不良例（ただし、品質基準によって良品と判断されるものも一部あり）

また製造工程で不良が多いとラインを停止させなければならず、製品が作れないなどの製造機会損失コストが発生することがあります。これも隠れたコストのひとつです。

図 2–2 に電子機器の工場現場における品質不良の事例を挙げます。

これらはプリント回路板の品質不良例です。また、コストの観点では、工場の中で発見できれば修理や廃棄といった内部失敗コストが発生しますが、工場から流出してしまった場合は、外部失敗コストに繋がっていきます。

2.2　評価・検査コスト

前述した失敗コスト削減やリスクを小さくするために、どのようなコストが発生するのでしょうか。ここでは、不良流出防止のための評価や、検査及び点検のコストが必要になります。

このようなコストを、品質コスト概念では**評価コスト（Appraisal Costs）**と言います。しかし、“評価”と言う日本語表現は技術において、Evaluation や Assessment といった品質コスト概念から外れたイメージを持つこともあります。また評価は次節で説明する予防のために行われることもあります。加えて日々の量産を含めて考えると電子機器実装においては、事実上検査のコストが多く占めていることになると思います。よって、本書では他の関連するコストは一旦除き、わかりやすく**検査コスト**と言う表現を用いていきます。

ここで、品質不良が発生する製品に対してなぜ検査をするのか、ということを最も基本的な最終検査（最後に不良を止める）のコストに絞って考えてみたいと思います。

例えば検査をしなかった場合（最終検査なし）は、発生してしまった品質不良への対応のための外部失敗コストが、不良品の発生に比例して大きくなると考えられます。一方、検査ありの場合（最終検査あり）は、検査コストが掛かります。しかし、不良品の廃棄や手直しのコストといった内部失敗コストは残存するものの、確実に不良品の流出を止めることができれば、外部に出て行ってしまった不良品への対応などの、外部失敗コストが削減されていきます。また大きなコストの変動をなくし、一定に保つことができると、管理ができるようになります。つまり、電子機器にとって必要な検査はコスト削減や管理のために行っている、とも言えます。**図2-3**にコストインパクト（⇒影響度）と不良品の発生量（⇒頻度）という基本的な視点をベースにした考え方の例を示します。

注）この図は予防コスト含めた一般的な品質コスト概念の図とは異なります。

注意すべき点は、外部失敗コストには前述したように、客先の信頼から得られるはずであった販売機会損失のコストなどの隠れたコストが内在しています。したがって不良を外部に流出させないために、不良品が極めて少ない場合を除き最終検査を行います。また、検査には最終検査だけでなく工程検査や受入検査があります。例えば、工程検査を行うと検査コストは増加します。しかし、工程検査を行うことにより早い段階で品質不良が見つかるため、廃棄や修理コストが削減されます。それにより主に内部失敗コストが削減されるのと同時に、外部失敗リスクが軽

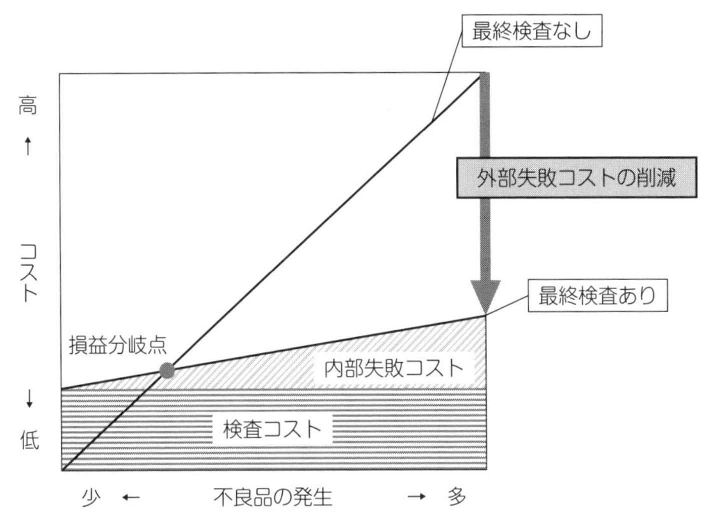

図 2-3　コスト削減や管理のための検査の考え方（例）

減されます。

2.3　予防コスト

本来は、検査で品質不良の流出を防止するよりも、品質不良の発生そのものを未然に防止すべきです。そのためのコストの代表的なものは品質管理コストです。ほかにも品質計画コストや品質教育コストなどがあります。

このようなコストを**予防コスト（Prevention Costs）**と言います。予防活動がうまくいくと、手直し・廃棄などの内部失敗コストだけでなく、不良品の流出リスクが減ることで外部失敗コストも削減されます。そしてなにより、顧客の高い信頼が得られるようになります。

前節で示した検査は顧客に品質を保証します。また検査で得られた情報を有効活用することで、予防活動を効率化することが重要です。よって品質コストを削減するには、予防コスト・検査コスト・失敗コストを総合的に考えることが必要となります。

3 完成品検査（最終検査）ー失敗／検査コスト削減

前章に示した通り、検査は失敗を防ぐ（失敗コスト削減）ために大変重要です。そして検査そのものも効率的に行っていく必要があり、自動検査などによるコスト削減が必要です。プリント配線板やプリント回路板の検査技術とはどのようなものがあるでしょうか。本章では、自動光学外観検査技術や電気検査などの技術例を概観します。

3.1 プリント配線板の検査技術例

プリント配線板は非破壊検査と破壊検査があります。非破壊検査では導体パターンの接続が設計通りかを検査する導通検査や、導体の導通抵抗、導体間の絶縁抵抗あるいは特性インピーダンスなどを測定する電気検査と、外観の異常がないかを見る外観検査、図面通りの寸法になっているかを測定する寸法検査などを行います。全数検査の必要のない検査

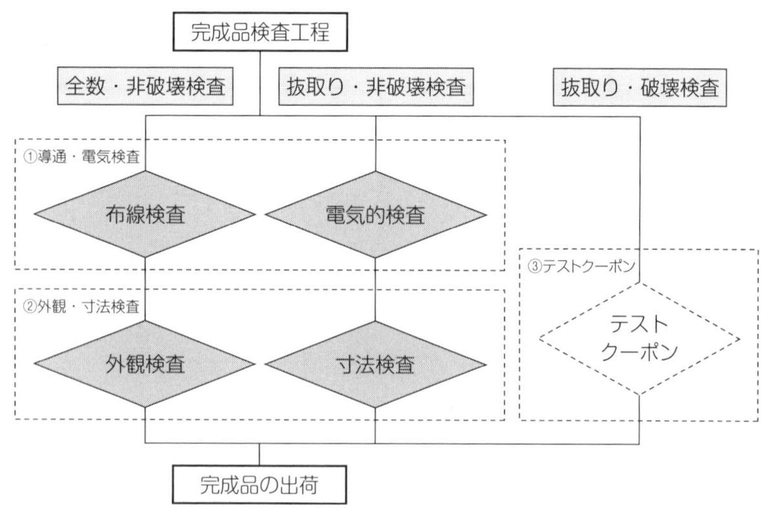

図 3-1　プリント配線板の完成品検査工程

項目と破壊しないと検査のできない項目については抜取り検査を行います。最終検査（完成品検査）の工程を図3-1に示します。大きく分けて導通・短絡の電気検査、外観・寸法検査、テストクーポンがあります。

3.1.1　導通・電気検査

プリント配線板は、設計通りできていることを保証するために導通・短絡の電気検査を全数行います。布線検査とも言います。導体パターンに測定端子を接触させますが、すべての測定端子に圧力を加えてピンを接触させる方式と、移動する測定端子で測定するフライングプローバー方式のものとがあります。接触させるアダプターは図3-2に示すような、それぞれに対応したものを用いて検査します。フライングプローバー方式では、抵抗を測定する方式と静電容量を測定する方式があります。導通以外の電気検査特性として、導体抵抗、絶縁抵抗、特性インピーダンス、高周波特性などを測定します。

すべてを測定するには多くの時間がかかります。よって、これらのうち大きく変動することのない項目は、設計したときの設定値を、製品の初期品について試験及び検査することで確認を行う場合があります。

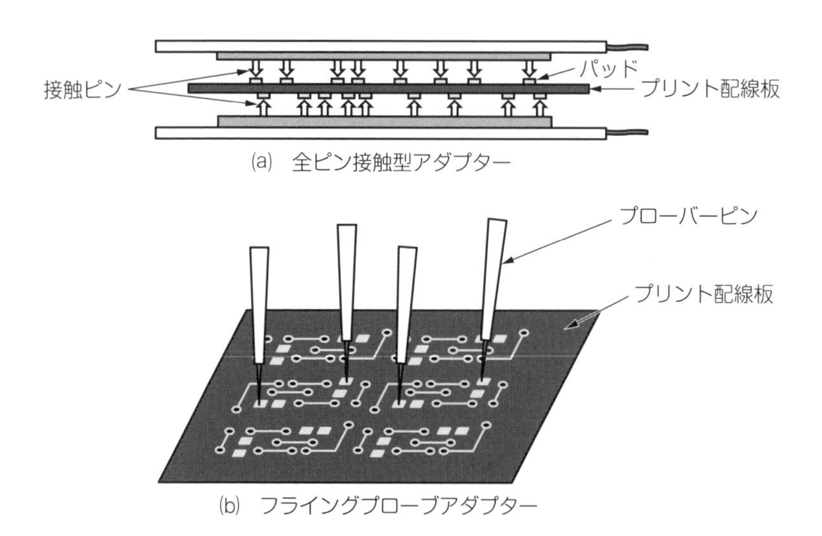

図3-2　電気検査の接続アダプター

3.1.2 外観・寸法検査

外観からわかる欠陥には、図 3-3 に示すように断線、短絡やそれに近いものや、スルーホールランドの欠けやずれ、ソルダーレジストのずれ、ソルダーレジスト内の異物など、多様です。基準に従い、このような外観上の欠陥を検出します。目視や拡大鏡で検査員が行うこともありますが、一般的には光学自動外観検査機が用いられ、導体幅、間隔、穴径、ランドやレジストずれなど設計で指定された寸法通りにできているかを検査します。また、これらの寸法は大きくは変動しないので、抜取りで検査するという考え方もあります。

またこのほかにも表 3-1 に示したようなものがあります。

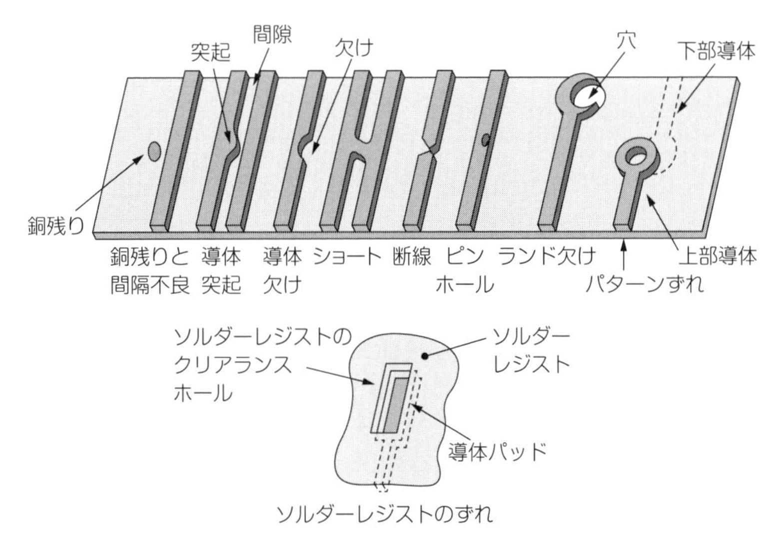

図 3-3　プリント配線板の外観の欠陥の例

表 3-1　完成品の外観検査項目（例）

項　目	欠陥項目
寸　法	導体幅、導体間隔、アニュラリング、穴径、外形寸法、反り、ねじれ、基板厚さ
	穴と外層パターンの位置精度、穴と内層パターンの位置精度
	ソルダーレジストパターン寸法、ソルダーレジストパターンの位置精度、など
パターンの欠陥	断線、パターン欠け、パターン細り、ピンホール、疵、ショート、パターン太り、銅残り、突起、汚れ、など
めっき・エッチングの欠陥	ステップめっき、めっきボイド、めっき変色、汚れ、めっき剥がれ、スリパ、穴づまり、など
ソルダーレジスト欠陥	ピンホール、むら、剥がれ、クラック、パッドへのかぶり、など
絶縁基板の欠陥	基盤のボイド、剥がれ、ミーズリング、打痕、変色、欠け、など
プリントコンタクト関係	めっきの変色、めっきむら、ピンホール、汚れ、剥がれ、端子欠け、端子太り、端面加工不良
その他	基板端面の粗さ、など

3.1.3　テストクーポン

図 3-4 に示すように、プリント配線板には外観ではわからない内在する欠陥もあります。

これらの発生を検出する方法は電気検査が考えられますが、破壊しないと品質不良の傾向が掴めないものもあるので、図 3-5 に示すように製造パネルに添付した小片のテストクーポンを採集し、破壊して検査する方法があります。

製造ロット単位でクーポンを抜き取り、検査することで、その製造ロットを保証しています。テストクーポンはパターン幅、間隔、穴径、パッド径、内層のクリアランス径、導体層の配置など配線ルールはそれを添付する製品と同じものとし、スルーホールやビアは直列に持続したデイジーチェーンパターンで導通や接続の状態を測定します。また、この

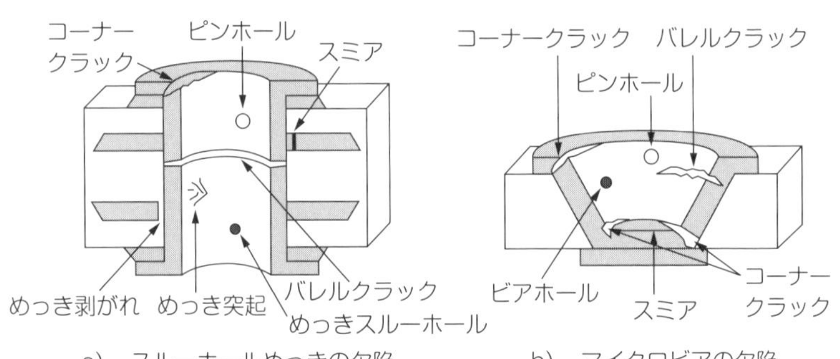

a)　スルーホールめっきの欠陥　　b)　マイクロビアの欠陥

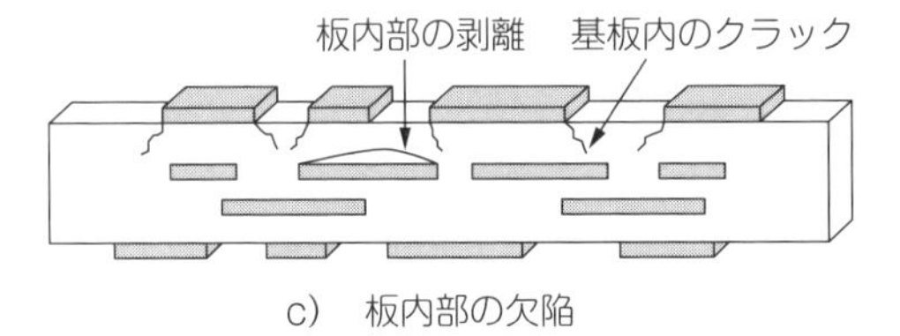

c)　板内部の欠陥

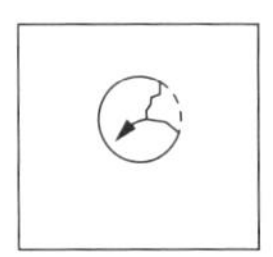

d)　内層クリアランスホールの銅残り

(a)　様々な内在欠陥の例

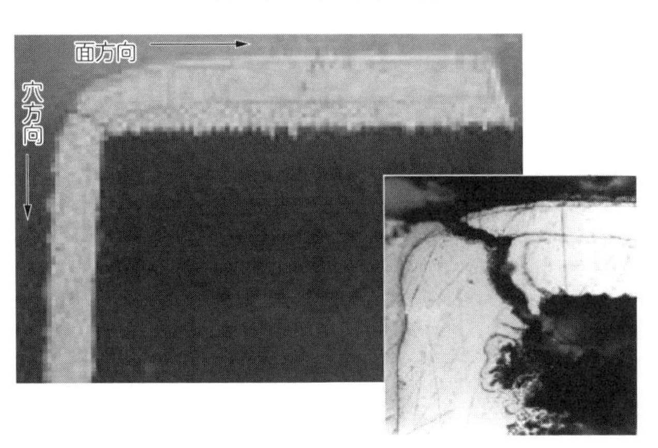

(b)　スルーホールのコーナークラック

図 3-4　プリント配線板の

間に櫛形パターンなどを配置して絶縁抵抗を測定できるようにしています。このテストクーポンは次のような項目を測定します。測定にはマイクロセクションによる検査と加速環境下での電気的測定とマイクロセクション検査とを行っています。

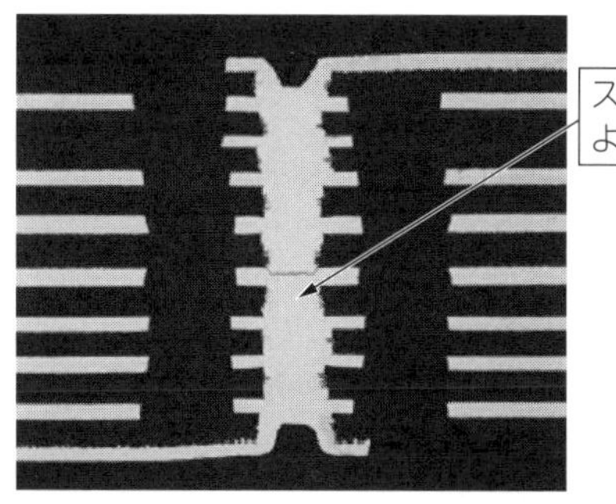

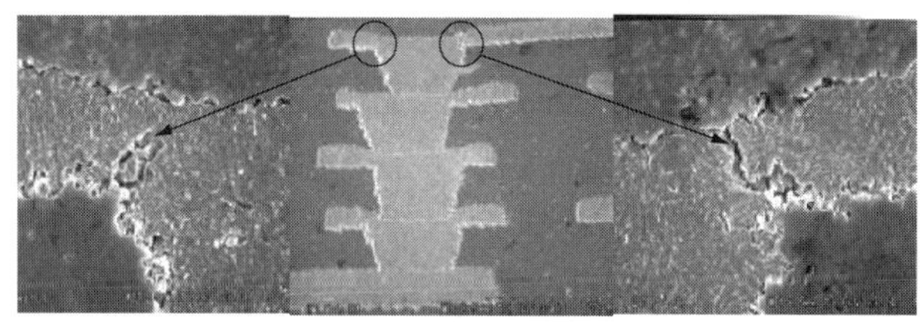

(c)　ビルドアッププリント配線板のスタックビアのバレルクラック

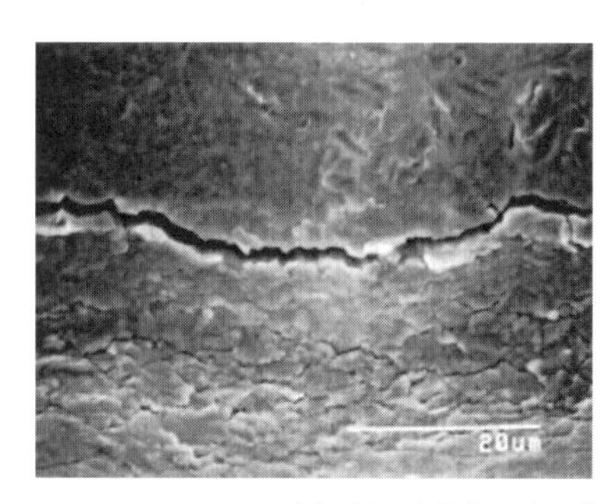

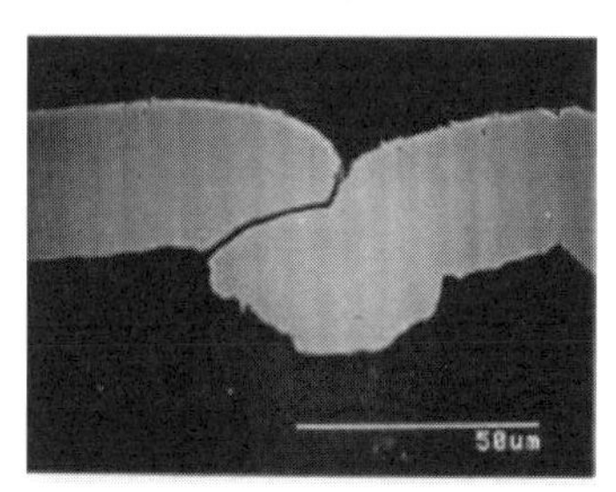

(d)　めっきスルーホールのバレルクラック

内部の欠陥の例

①マイクロセクション検査

- 穴径、めっき厚の分布。穴と内層のずれ
- 穴壁面の凹凸、めっき液の滲み込み、めっきのクラック（コーナー、バレル)、めっきボイド、

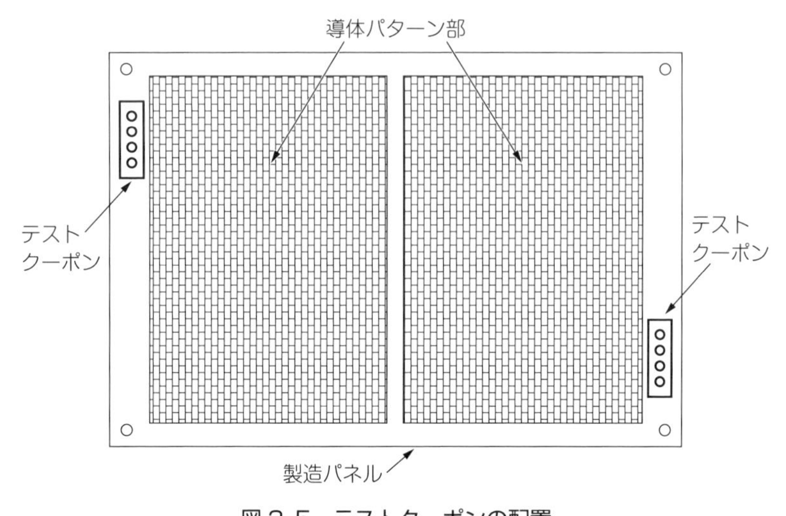

図3-5　テストクーポンの配置

●スミアの程度、積層板のボイド、剥がれ、はんだ厚、など

②熱ショック試験後の測定

●導体抵抗の変化

●はんだ耐熱性、はんだ付け性、など

●マイクロセクション検査でめっきのクラック（コーナー、バレル）、スルーホールめっきと内層パターンとの持続不良、スルーホールめっき穴壁よりの剥がれ、基材の剥がれ、パッドのリフティング、など

③加湿による絶縁試験

●板の面方向の絶縁

●層間の絶縁

●スルーホールと内層の絶縁、スルーホール間の絶縁、など

これらの検査により、ロットの出荷を判定します。

図3-6にテストクーポンと製品部のスルーホールの実例を示します。

非常に高い信頼性を要求する超少量生産の基板では、実際に使う基板部よりもテストクーポンの方が大きいこともあります。一方、昨今の高密度化、多個片化された基板などはテストクーポンを設けず、基板の抜取りによるロット保証を行っていることが多くあります。

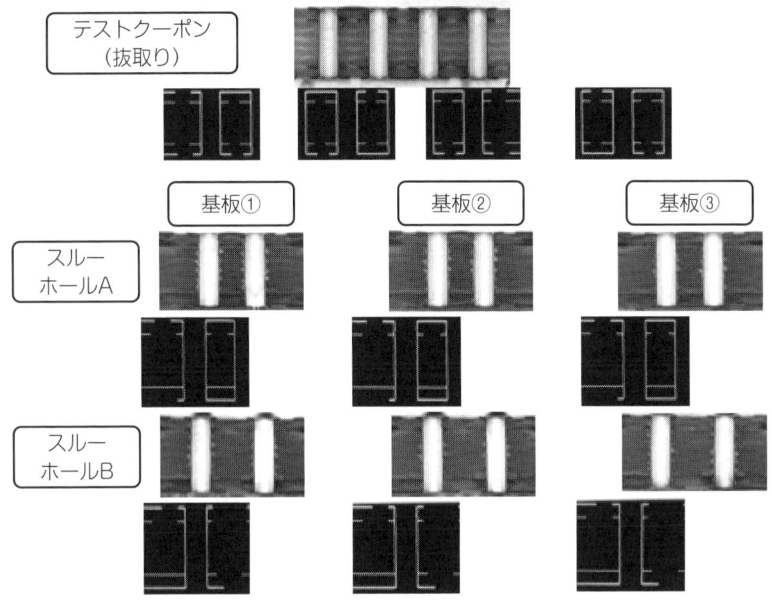

図3-6　スルーホールの実例

3.2　プリント回路板の検査技術例

プリント回路板は図3-7に示す通り電子部品の搭載状態だけでなく、部品電極形状やランド設計、そしてはんだの接合状態も多種多様です。よって、量産では部分的な破壊検査でのロット保証は不可能です。またはんだ接合などの品質不良は、最終工程のリフロー後でないとわかりません。このような現実から、光学外観検査装置による全数非破壊検査が一般化しました。

3.2.1　拡散面の3D検査

プリント回路板はプリント配線板に様々な大きさの電子部品が実装された後であるため、検査物としては複雑な3次元物体です。この実装情報を如何に獲得するか、ということで3次元検出の方法の検討が盛んに

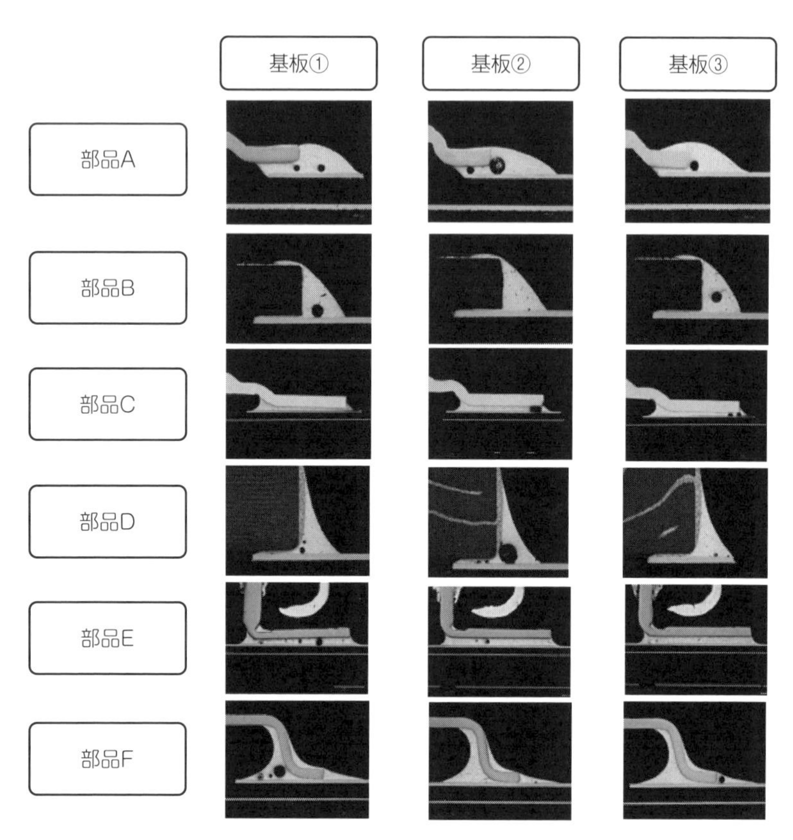

図 3-7　プリント回路板に搭載されたはんだ接合部（断面）

なりました。3 次元の検査にはどのような技術が存在するのでしょうか。

まず最も基礎的な技術として、図 3-8 のような光切断法があります。

スリット光を投影したり、レーザ光をポリゴンミラー（図 3-9 に示したような多角形のミラー）で走査することで、拡散面の断面の形状を獲得する方法です。

しかし、この方法は、高密度化するプリント回路板に対し、ほかの部品の陰（オクルージョン）の直接的な影響があるといった問題があります。それを軽減する方法として、受光素子などの検出器をいくつか配置するなどして、その影響の発生確率を減らすという方法が考えられます。それと課題はもうひとつ、メカスピードへの依存性から情報処理速度が

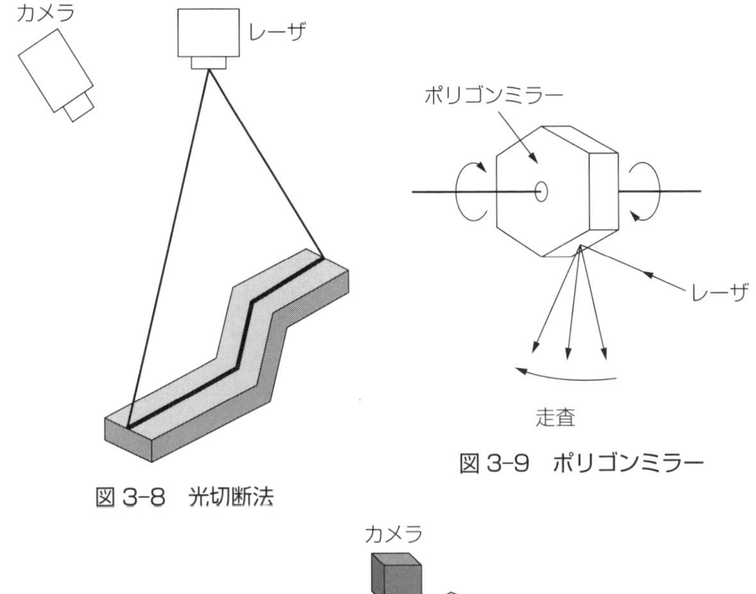

図 3-8　光切断法

図 3-9　ポリゴンミラー

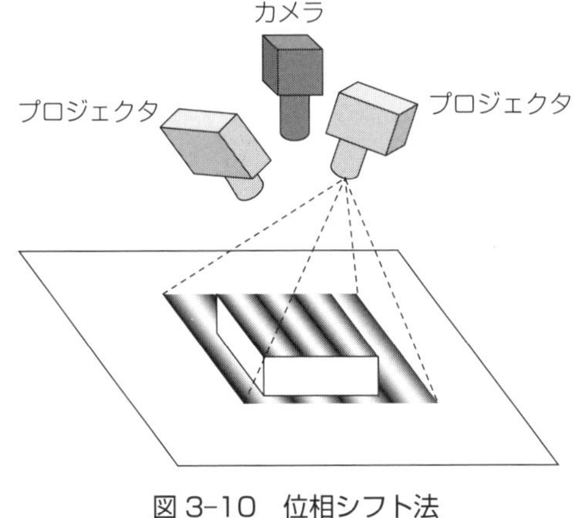

図 3-10　位相シフト法

向上しても高速化に限界が生じやすい点です。その問題を解決しようとすると、光学検査原理を複数セット用いる必要が出てきます。

ほかには図 3-10 に示したような位相シフト法（縞パターン投影法）があります。これは簡単に言うと光切断の本数を増やしたものです。縞パターンをシフトしていくことで３次元情報を獲得します。最近では、縞パターンを１つの投影部から複数出せるようになっていて、部品の高さや検査物の明るさの変動にも対応できるような技術も発達しています。

縞パターン投影法には、ほかにはラインセンサ方式があります。ラインセンサ方式の基本原理はコピー機を思い浮かべるとよくわかります。2次元物体の情報を獲得するには非常に適した検査原理です。しかし縞パターンで応用して3次元物体の検査に用いても、検査物の方向によって獲得する情報に違いが生じるといった問題があります。

ほかには複数カメラを使ったステレオ法があります。基本的な考え方は光切断法と同じです。異なる角度から撮像した画像の対応点を見つけて、その差異を計測するといった方法です。しかし、検査物の特徴や変動などで対応点を見つけられない場合は実用が難しくなります。

なお、繰り返しになりますが、前述してきたような3次元検出は検査物が拡散面である必要があります。よって、プリント回路板では主には、部品電極の姿勢を検査するための基礎技術と言えます。

3.2.2　鏡面の3D検査

プリント回路板の長期的な信頼性を考えると、プリント配線板のランドと電子部品を接続するはんだ接合部の品質が非常に重要となります。そのはんだの外観にはどのような特徴があるのでしょうか。

ひとつは、はんだ表面が鏡のような性質を持っている（鏡面）ということが挙げられます。鏡面に光を照射しても、その光が入射角と反射角が等しくなった場合にしか、カメラや受光素子に情報が入りません。特に2006年のRoHS指令の施行前は、鉛入りの共晶はんだで非常に鏡面性が高かった、ということがあります。

それともうひとつ、はんだは自由曲面です。法線がどこを向くかわかりません。そこに来て一般的に、部品電極の形状とプリント配線板のランド設計が先に決められるため、結果的にはんだの接合形状は多種多様になります。

そこで考えられたのが、入射角の異なるカラー光を照射し、その反射したカラー情報を画像で2次元化することで、3次元形状を捉える方式です。この方式をカラーハイライト方式と言います。図3-11に検査原理を示します。はんだの表面張力は傾斜角ベクトルであり、光の入射方向を仰角ごとに異なるカラー（Red/Green/Blue）でセットすることで、

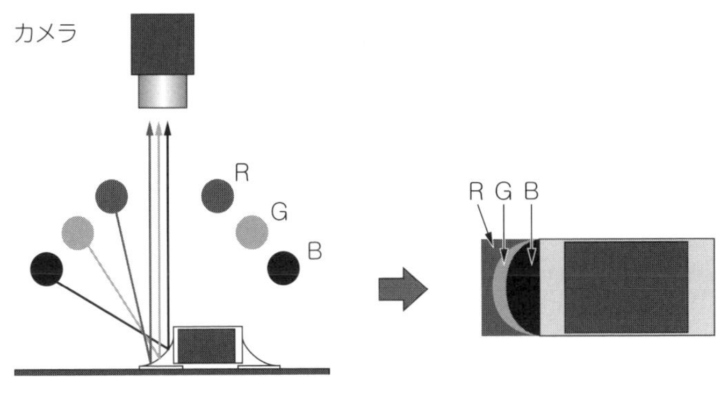

図３-11　カラーハイライト方式

すべての傾斜角ベクトルを捉えるという考え方です。現在、はんだは鉛フリー化により、はんだ表面は鏡面と拡散面が入り混じっていて、はんだのぬれ角にも変化が現れましたが、この方式は現在でも基礎的な原理として多く採用されています。

はんだ接合部位は、真上から見たらすべてが見えるでしょうか。例えば、図３-12に示すようなＪリードのようなはんだフィレットが少し内部に入り込むものは、真上にあるカメラだけでははんだ形状を認識することができません。そこで検査原理部に複数のミラーを配置したり、斜めにカメラ（斜視カメラ）を搭載することで検査が行われてきました。

最近ではＪリード部品は減りましたが、同じく斜めからはんだ接合部を見なければならないケースが発生する部品の代表例としては、図３-

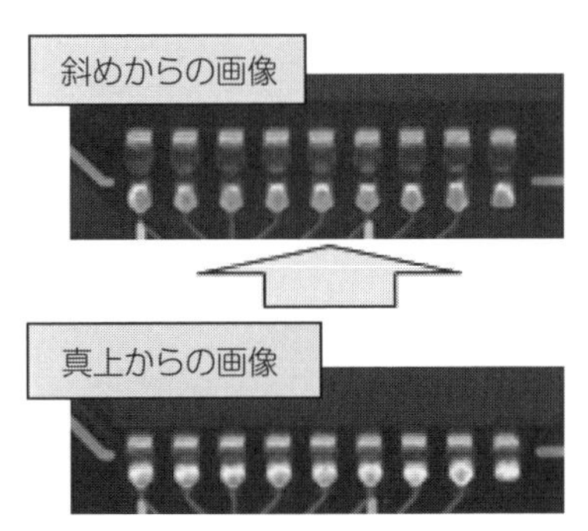

図３-12　Ｊリード部品と撮像画像（真上と斜めからの画像）

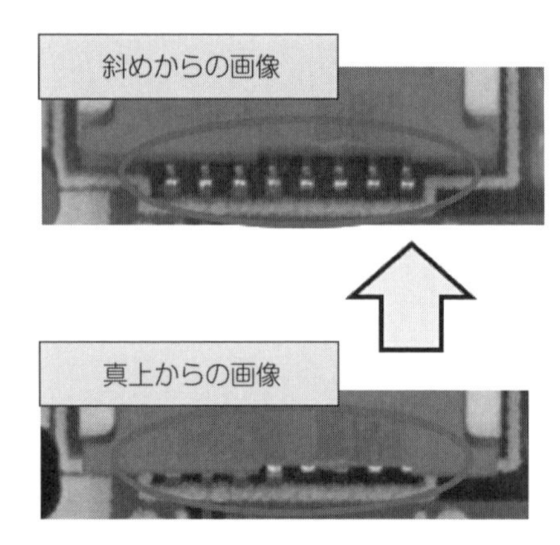

図 3-13　コネクタ部品と撮像画像（真上と斜めからの画像）

13 のようなコネクタがあります。

3.2.3　ハイブリッド 3D 検査

プリント回路板のはんだ接合検査において、現在の最新技術はどのようなものでしょうか。はんだ接合品質を考えると、はんだ接合検査は、**図 3-14** に示したように、1. ランドの位置、2. 部品電極姿勢、3. はんだ形状の 3 点の情報獲得が重要です。以下にその技術例を挙げます。

まず最初に、はんだの接合性をはじめとする主要な検査を正しく行うには、ベースとなる基板のランドの位置抽出が重要となります。その理由として次のものがあります。

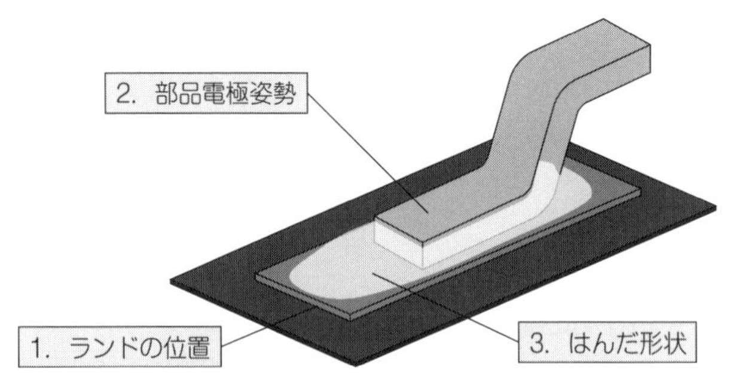

図 3-14　はんだ接合検査を構成する要素

- 基板がリフロー炉を通った後は実装基板の各部位の熱膨張率の違い等にて基板条件が変化し、検査位置のずれが発生します。
- 部品のマウント時の位置ずれは、リフロー時にセルフアライメントが働きますが、光学外観検査機の検査位置ずれはダイレクトに判定精度に影響します。
- 外観検査において、目視検査員との判定における部品電極姿勢などの共通のモノサシはランドが基準になります。設計データを基準として検査を行う目視検査員は、通常存在しません。

このようなことから、電子部品の姿勢やはんだ接合状態の検査を正しく行うには、検査時に検査の基準となるランド位置を正しく見つけるための補正処理が必要となります。これには θ 補正やランド情報を活用した、視野補正の強化が重要となります。図 3-15 にプログラミング時と検査時の処理例のイメージを示します。

部品電極姿勢の情報を正確に獲得することも重要です。部品電極は、ベースとなるランドと電気的接続が行える位置に存在してはじめて、信頼性の高いはんだ接合と考えられます。画像認識のみでの検査課題は、部品と基板色が類似するケースや、電極とはんだ色が類似するケースなどで多く発生しています。量産においては、実装状態の変動などによる

■プログラミング時
ランドサイズ自動教示

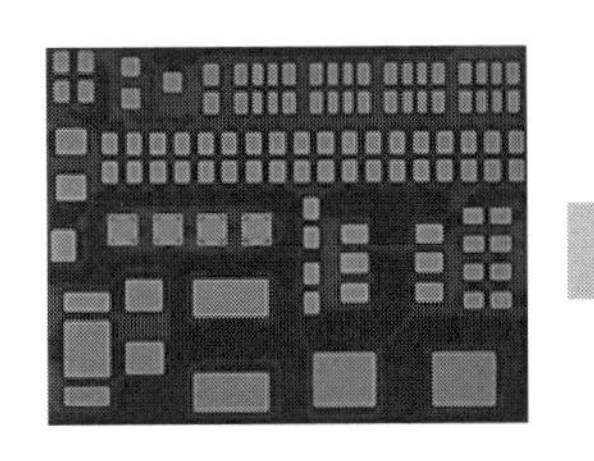

■検査時
画面ごとのランド基準位置補正

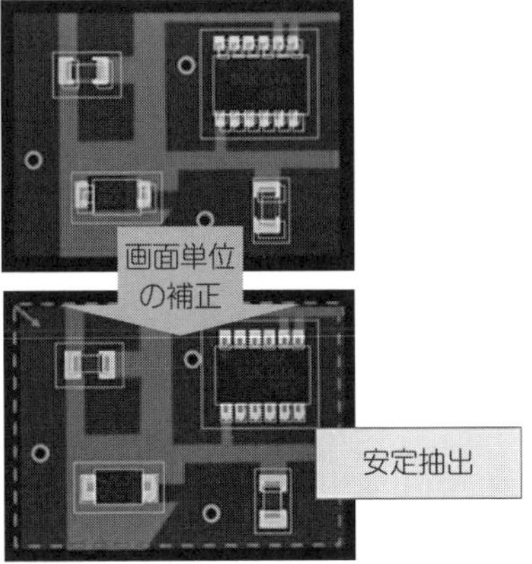

図 3-15　プログラミング時と検査時のイメージ

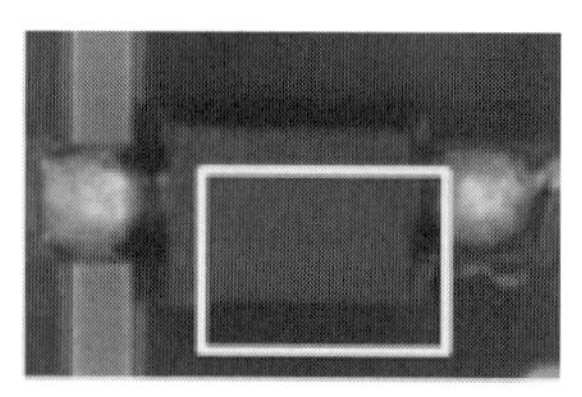

(a) 明るさや色による抽出（例）

(b) 3Dの体積による抽出（例）

図3-16 画像（明るさや色）と3D体積による抽出差異

反射輝度の変動が発生する、といった問題も考えなければなりません。

その強化手段のひとつとして、画像だけでなく位相シフトといったセンシング技術での対応がされています。

図3-16に効果の差異を記します。(a)は、画像認識での色による抽出例です。部品と基板の色が類似しているため部品の位置を見誤っています。(b)は3D技術による抽出例です。部品体積にて抽出することで、ノイズの影響を極小化しています。

そして、電気的接続においてランド位置と部品電極姿勢の情報抽出が定まっていることを前提として、最終的に接合部位がはんだ合金層であわさっていること（電気的信頼性）を判定するには、接合部位に対するはんだのぬれ性やはんだ量（接合量）を検査する必要があります。

特に図3-17に示すような疑似接触のようなはんだのぬれ性に関わる不良は、ペースト印刷工程にて適切なはんだ量であることを確認し、さらに電気検査や機能検査を行っていたとしても、それだけでは品質不良を見つけることができません。

このような品質不良に対応するため、複数のセンシング技術を組み合わせて行う方式が開発されています（図3-18）。例えば、前述したカラーハイライト方式での3D化の課題として、角度情報を高さに換算し

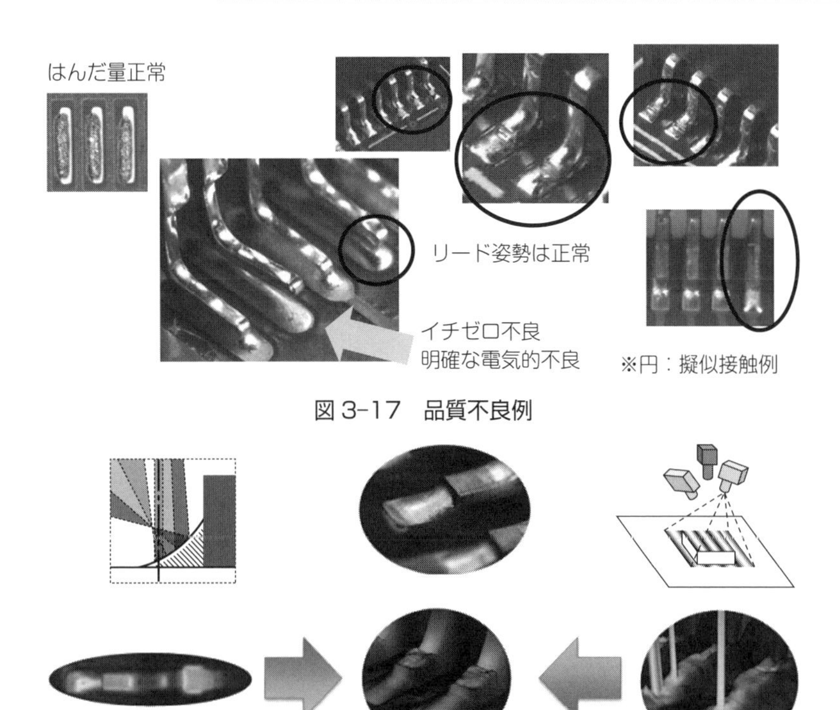

図3-17　品質不良例

図3-18　ハイブリッド3D技術

てそれを積分するため、角度誤差が累積することにより、最終的な高さと実際の高さとの誤差が大きくなる可能性があります。その対策として、位相シフトで高さが計測できる箇所は部分的にオフセットすることで、最終的な誤差を最小化することができます。

また位相単体での3D化の課題として、不ぬれを捉えるためには、数ミクロンレベルの高さの差を捉える必要がありますが、鏡面性が高い場合や電極近傍では電極からの二次反射の影響により、安定してぬれ角を捉えるのが困難です。一方で、このぬれ角を捉えるのはカラーハイライト方式が得意であり、それぞれの方式の課題を補完することで、はんだ表面の光沢や形状の変動に対応できるようになっています。

図3-19はIC（電極の形状はガルウィング）不ぬれ不良です。位相データのみ（左図）の場合は不良検出できませんが、ハイブリッド3D

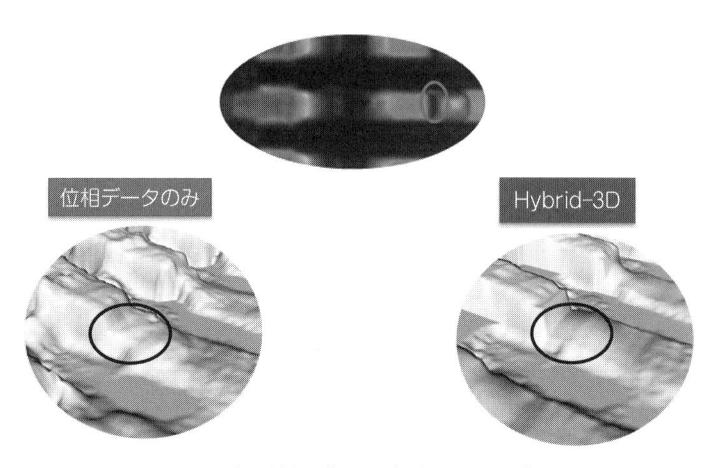

図 3-19　不ぬれ不良　位相データ（左）とハイブリッド 3D（右）

（右図）では不ぬれ形状が再現できます。

検査コスト削減のためには検査の自動化と検出力向上による目視検査コストの削減だけではありません。自動検査設備を運用するための検査プログラムの作成や調整が必要となります。それも検査コストとして考える必要があります。この検査コストの増大を防ぐために、ユーザーインターフェイスも変化してきました。**図 3-20** にその変遷の例を記します。

1987 年頃の光学外観検査機のソフトウエアは圧縮時でわずか数 MB しかありませんでしたが、すでにカラー画像処理技術による検査が行われていました。しかし、検査設備のプログラム作成や調整は非常に難しく、メーカー選任者でないと取り扱いが困難でした。

1996 年頃に画像処理の GUI が登場して画像選任者を育成することで、現場の検査プログラミング員にも検査機が使用できるようになっていきました。**図 3-20** の三角形の GUI は、著者が検査プログラミングのトレーニング用にデザインしてセミナーなどで使用していた資料が結果的に検査機に搭載された事例です。当時大量に存在した画像調整のマニュアルレス化を追求した結果のものです。

2010 年頃からは X 線や光学の 3D 技術研究が盛んになり、あらゆる実装関係者が使えるように実装定量型に検査設備が変化しています。

図 3-21 に実装定量型の光学外観検査機の調整画面の例を示します。

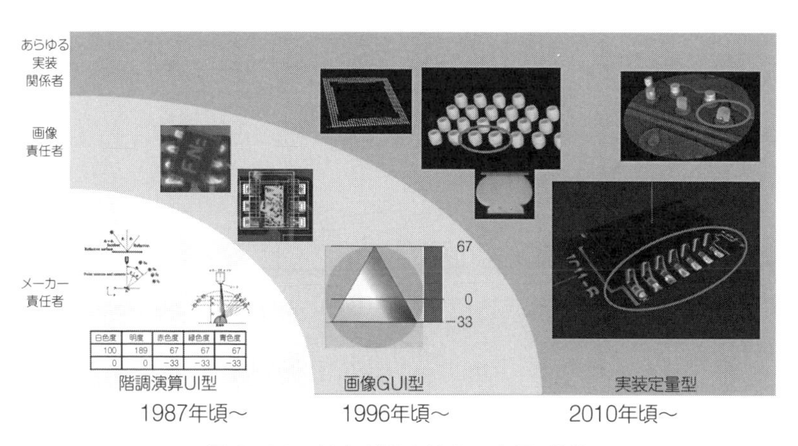

白色度	明度	赤色度	緑色度	青色度
100	189	67	67	67
0	0	−33	−33	−33

図 3-20　はんだ接合検査の変遷（例）

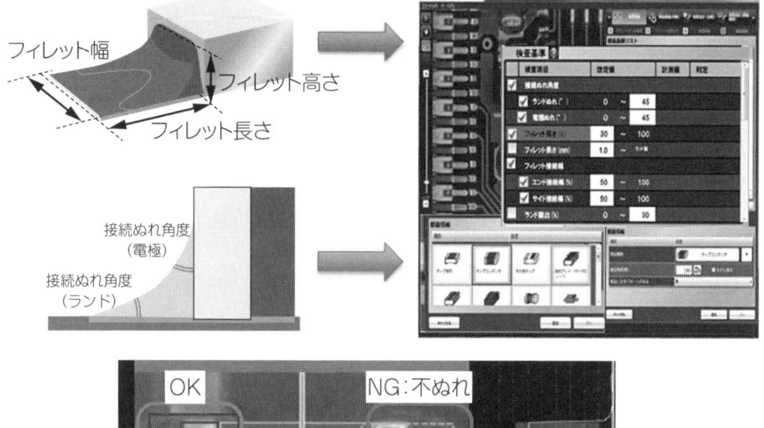

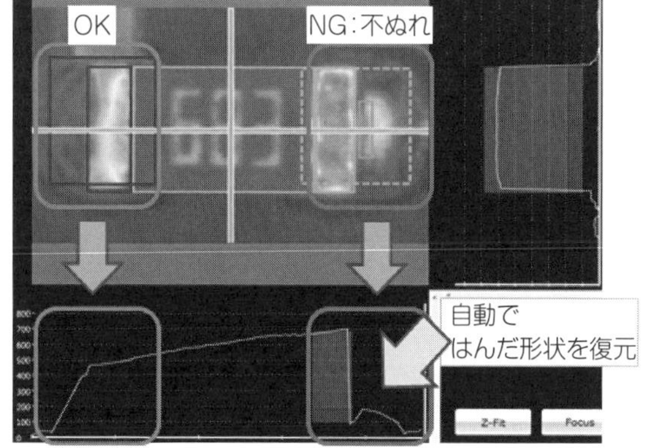

図 3-21　プログラム作成と調整画面

4 インライン全数非破壊検査—外部失敗コストの削減

プリント回路板における電気的な長期信頼性を確保していくための重要検査項目として、はんだ接合性があります。電子部品や半導体パッケージの部品電極形状は多種多様であり、はんだ接合部に関しては、部分的な破壊検査による傾向管理や抜取り検査では品質保証が不可能であるため、自動光学外観検査機を使用したはんだ接合ポイントの全数検査が一般化しました。しかし、現在では高密度化の影響により半導体パッケージの形態が大きく変化し、外観検査ではんだ接合部位を品質保証できる箇所は減少傾向にあります。本章では、特に外観から見えない部位の品質保証レベルを上げるといった観点で、外部失敗コスト・リスクの削減について記述します。

4.1 プリント回路板の品質不良と検査課題（X 線透過型、CT 解析機）

以下に代表例として QFP（Quad Flat Package）/SOP（Small Outline Package）、QFN（Quad Flat Non-leaded package）/SON（Small Outline Non-leaded package）、BGA（Ball Grid Array）について、外観からわかる接合部と実際の接合部を図 4-1 に示します。

実は QFP の接合部位も外観から見える部位は限られていたため、外観から見えなかった品質不良がきっかけとなって外部失敗コストに繋がる品質不良がありましたが、QFN・BGA はさらに外観から見えなくなってきていきます。

このようなものへの対応は X 線検査が考えられます。

X 線の仕組みは、原子番号が大きいものや密度が高いもの、厚みが大きいものは X 線が透過しにくく、その領域は暗く、透過した領域は明るく映るという特徴があります。

透過型の X 線検査装置は、古くからはんだ接合部位の検査に使用され

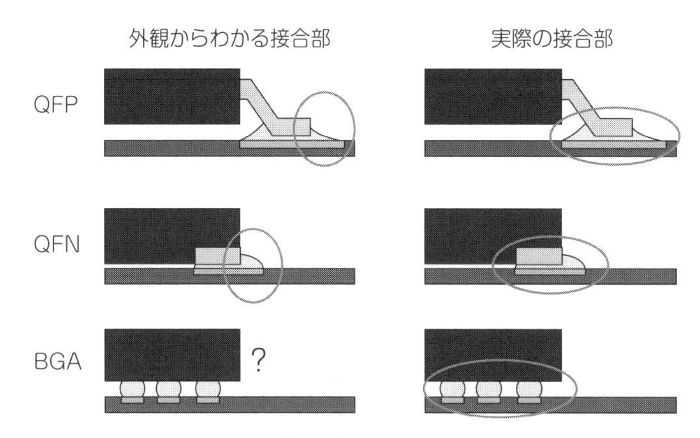

図 4-1　プログラム作成と調整画面

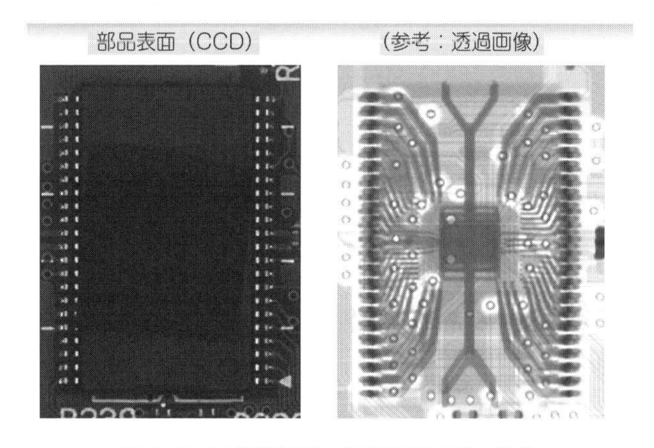

図 4-2　X 線透過型　基板裏面の映り込み

てきましたが、プリント配線板の設計時に裏の部品やはんだ接合部の映り込みを避けるための配慮が必要になります。しかしそのような対応の検討は設計コストが増加すること、そして高密度化する実装動向とは背反する関係にあることから現実的な対策ではないといった問題があります。例えば図 4-2 に示す画像では基板裏面に同形状の半導体パッケージが搭載されています。透過型では、裏面のはんだ接合面も重なってしまうため正しい検査ができず、品質不良が発生した場合は、不良品の流出に繋がることから外部失敗コスト削減の重要課題となっていました。

また、設計上の課題がなかった場合も、**図4-3**に示すBGAのHead in Pillow（枕不良）のようなはんだ接合不良は、良品と不良品が同じ検査画像となってしまうため識別できないといった問題があります。

はんだは自由曲面であり良品/不良品は様々な形状となるため、その特徴を正確に捉えるには3D（3次元）検査である必要があります。これにはCT（Computed Tomography）という3Dデータを構築する技術が有効で、はんだのX線透過画像を様々な方向から撮影することにより、

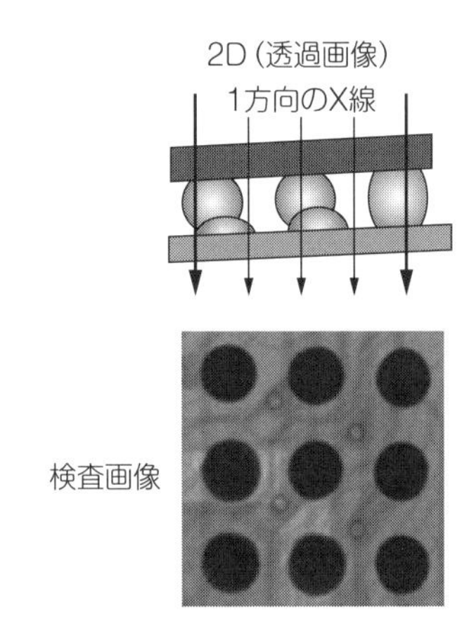

図4-3　X線透過型　Head in Pillow

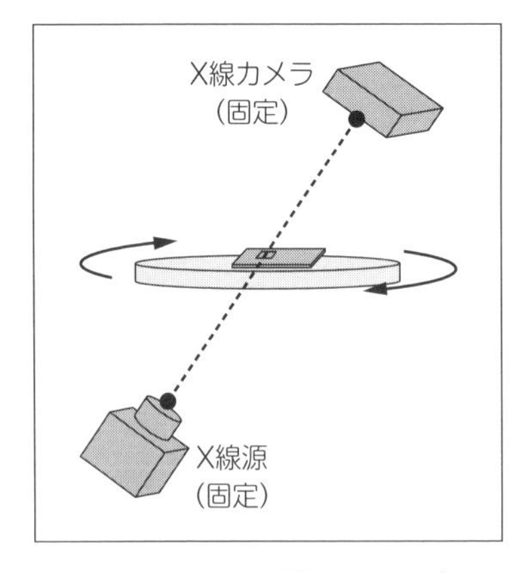

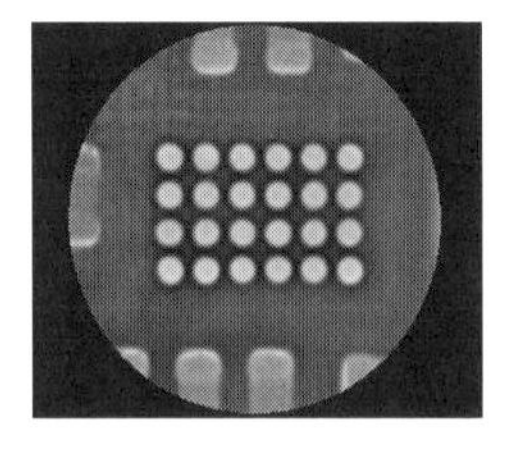

図4-4　回転テーブル式

検査に必要な情報を得ることができます。

X線CTの代表例として、回転テーブル式があります。この技術は解析機に多く採用されてきました。図4-4のようにX線源とX線カメラを固定します。そして被検査物を置いたテーブルを回転させて角度を変えて撮像するという原理です。しかし、この方式は撮像視野が円形となることと、機構系の制約から高速化が難しいという課題があります。

4.2 内部検査の技術パラダイムシフト（高速CT）

昨今では、高速平行ステージ式による高速CTの内部検査の技術革新がなされています。平行ステージ式は、図4-5に示したようにX線源・X線カメラ・被検査物の角度を変えずに平行に移動させる方式です。この方式は検査に利用できる撮像視野を大きくとれるため、視野数を削減することができます。

また、最新技術においては図4-6に示すように、この移動と撮像を組み合わせた連続撮像による、高速撮像システムが実現されています。

図4-7にBGAの撮像画像例を、図4-8にBGAの断面を示します。

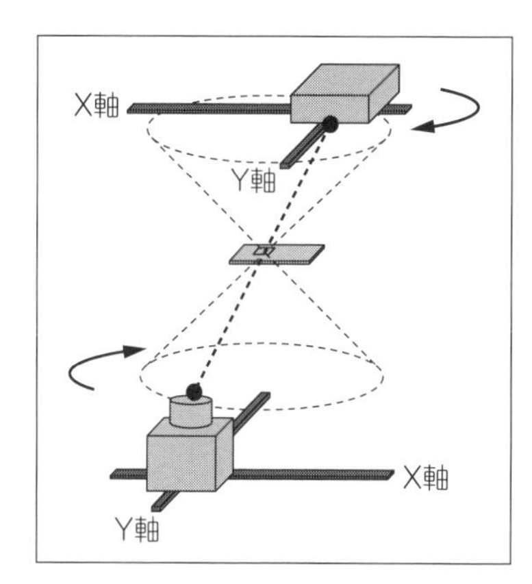

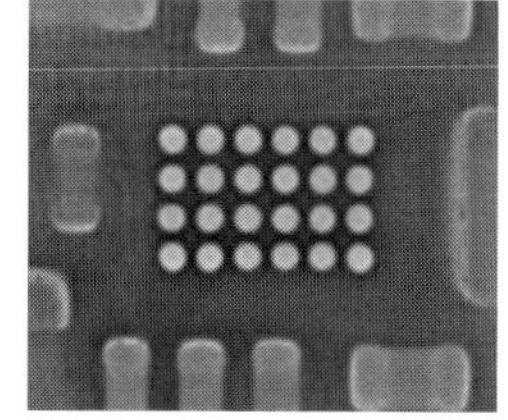

図4-5　平行ステージ式

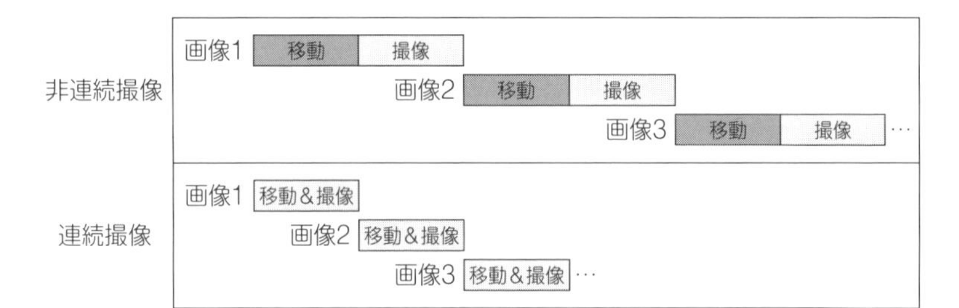

図 4-6　高速撮像システム

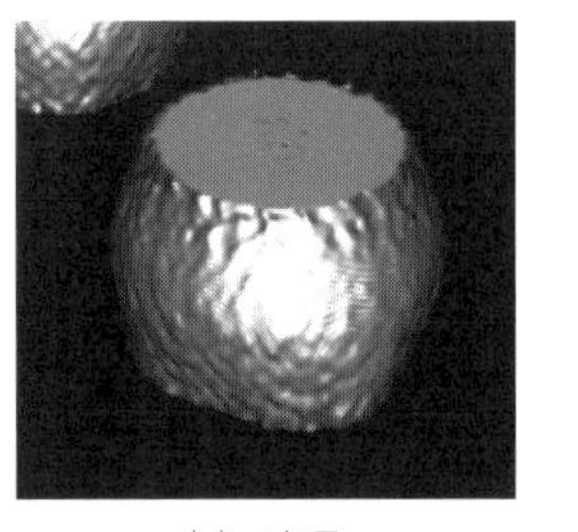

(a)　良品

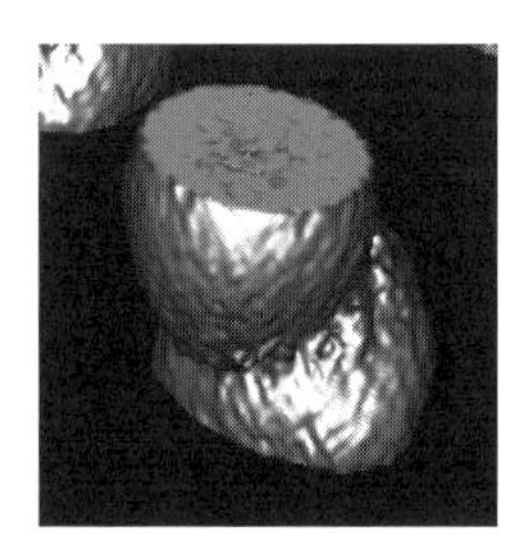

(b)　Head in Pillow

図 4-7　良品(a)と Head in Pillow (b)の接合形状（3D レンダリング画像）

(a)　良品

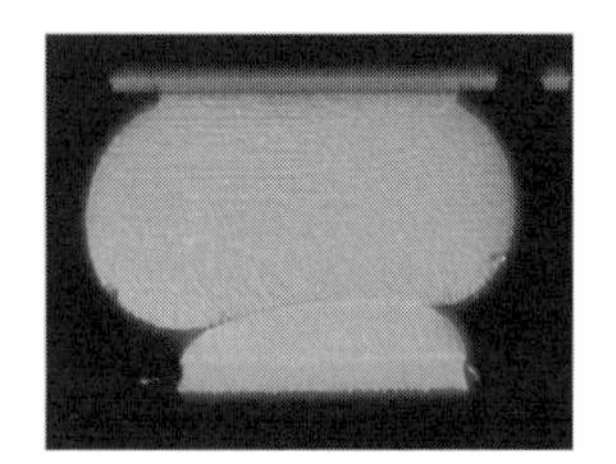

(b)　Head in Pillow

図 4-8　BGA はんだ接合部　良品(a)と Head in Pillow (b)の断面図

4.3　高信頼性が要求される製品のプリント回路板の検査（光学/高速 CT）

近年、自動車分野においては、図 4-9 に示すように電動化や安全走行のための電子機器が多く搭載されるようになってきました。

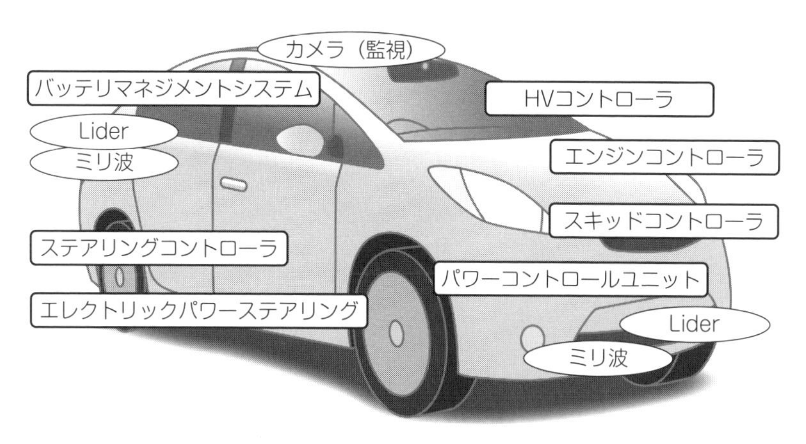

図 4-9　自動車に搭載される電子機器例

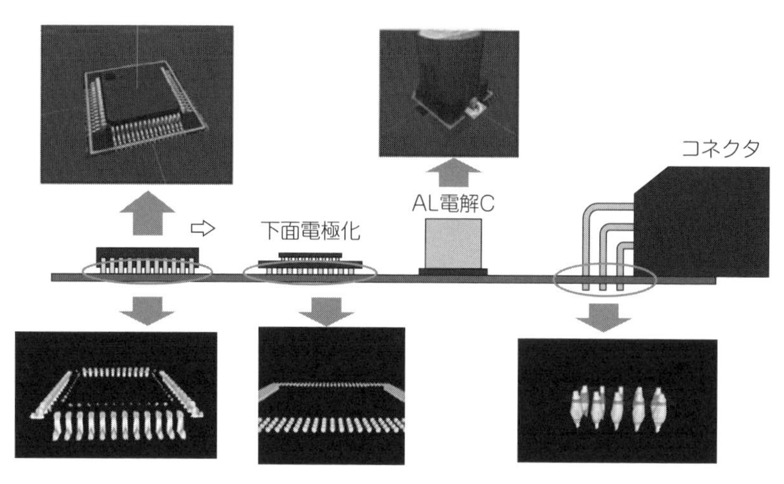

図 4-10　プリント回路板のはんだ接合部

高い信頼性が要求されるADAS(Advanced Driver Assistance System)のセンサーやECU（Electronic Control Unit）も、図 4-10 に示すような下面電極部品など外観だけでは品質保証が難しい部品が増加する傾向にあります。また、航空宇宙分野においても、同様の部品は増えつつあるのが現実です。そして外観からある程度見えるはんだ接合部も、さらなる高い品質を求められるケースが数多く存在しています。インライン型のX線CTが実用化されてくると、インライン全数非破壊検査の考え方が大きく変わってくるため、本節では高速CTを含めたはんだ接合検査について記します。

4.3.1　BGA（Ball Grid Array）の検査

まず最初にBGAに関して記します。BGA（Ball Grid Array）は1980年代に登場しました。現在ではデジタル家電だけでなく車載機器にも採用が増えてきています。この部品は下面にはんだのボールが配置され、はんだペーストが印刷されたプリント配線板のランド上へ電気的に接続するパッケージです。QFP/SOPやQFN/SONと比較すると、高密度化に対応できるというメリットがあります。また、電極間を広くとることができることからブリッジ不良発生の可能性を低減できるため、内部失敗コストが削減される傾向があります。

一方、どんなに工程保証の検討に時間を費やしても、図4-11に示すような基板の反りや熱応力などによる品質不良が発生する可能性は否めません。特に大型のパッケージにおいては、リフロー時に熱がまわりにくいといった課題があります。また、ボールのコプラナリティに起因して発生することもあります。

設計時においては、基板や部品の反りやねじれによるリスクは認識さ

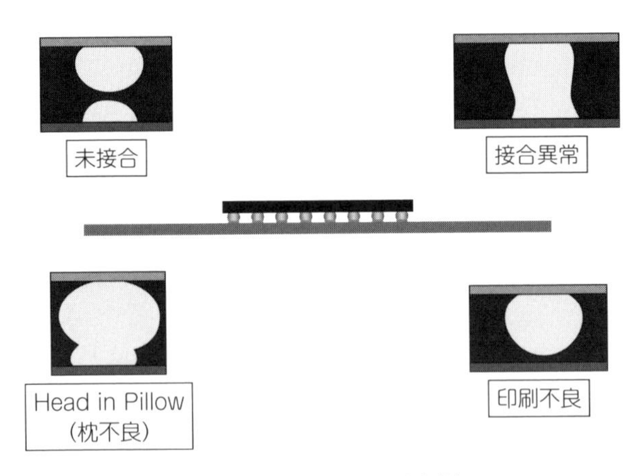

図4-11　BGAの不良例

れています。その対策のひとつとして、パッケージの４隅は接合信頼性が低いため、**図4-12**のように電気的な回路として使用しないケースもあります。

この部品で特に今まで問題となってきたのは、製造プロセスで検査し保証したにもかかわらず、市場で品質不良が発生した場合に、解析によってはんだ接合部の不良が原因であったと判明することです。品質不良に関わる失敗コストは、製造工程で見つかって対応する内部失敗コストと、市場で見つかってから生じる外部失敗コストでは、その直接的な対応コストだけでも掛かる費用の桁が大きく違ってきますので、外部に流

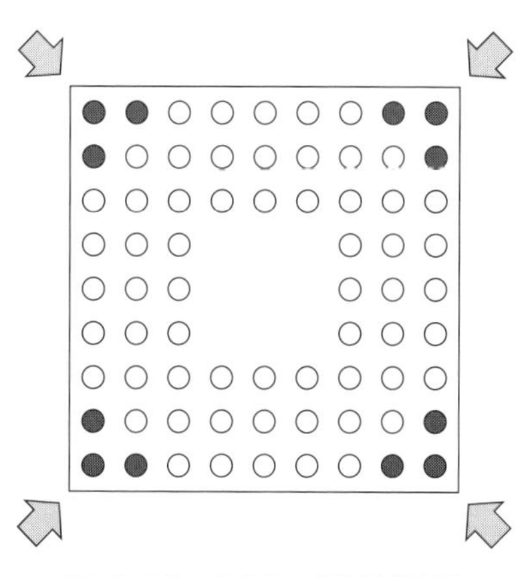

図4-12　BGAの設計対策例

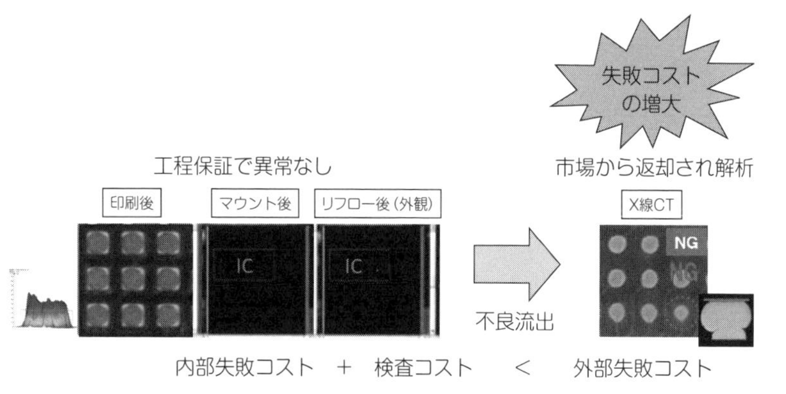

図4-13　BGA不良の品質コスト

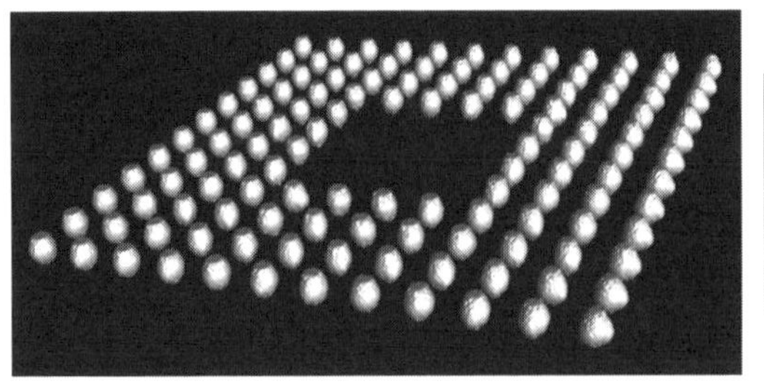
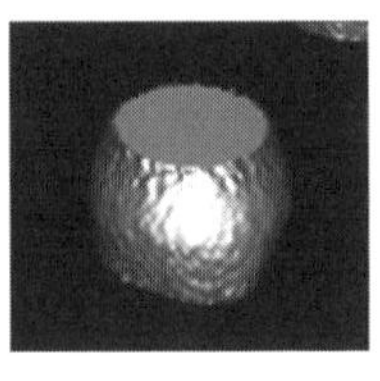

図 4-14　高速 CT で撮像された BGA 良品

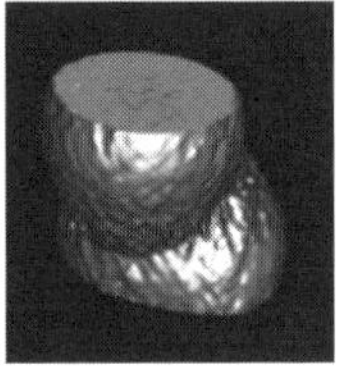

図 4-15　高速 CT で撮像された BGA の Head in Pillow

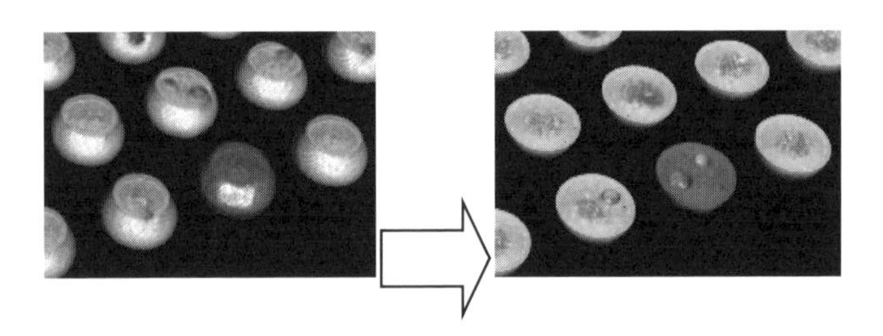

図 4-16　高速 CT に基づく BGA はんだ接合形状（3D レンダリング画像）

出する前に止めなければなりません（図 4-13）。

図 4-14 に高速 CT の 3D レンダリング画像を示します。

図 4-15 は、Head in Pillow（枕不良）のレンダリング画像です。実際の現場においては、このような不ぬれの発生が確認されています。

またはんだ接合性の課題として図 4-16 のようなボイドがあります。

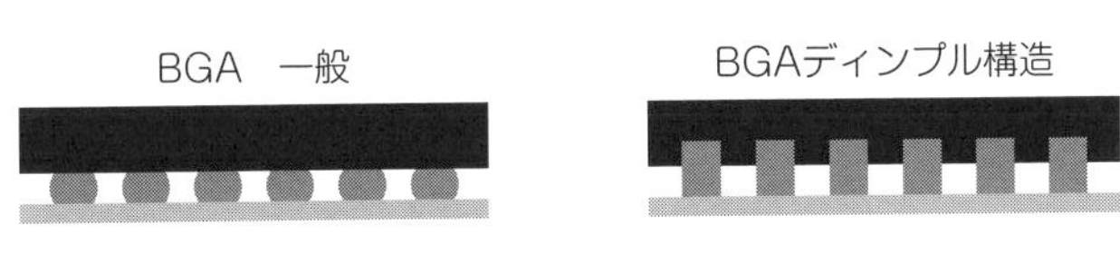

図 4-17　BGA の構造の違い

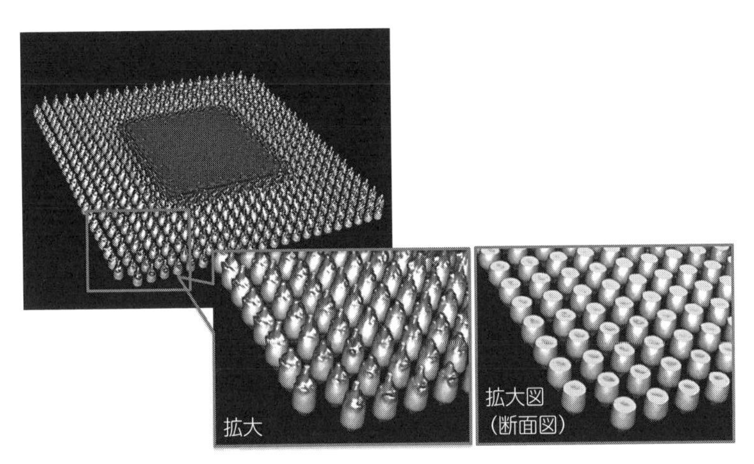

図 4-18　高速 CT で撮像されたディンプル構造の BGA

ボイドを完全になくすことは不可能ですが、ボイドの発生量が多いと疲労寿命に影響してきます。また、その発生箇所によって、問題の程度が変わってきます。特に、部品や基板の接合面に近いところの発生量が多い場合は、品質に与える影響が大きくなる可能性が高まります。

高い信頼性を求める半導体パッケージとしては、基板材料とパッケージ材料との応力を緩和する図 4-17 のようなディンプル構造の BGA があります。そのはんだ形状を撮像し 3D レンダリングした画像を図 4-18 に示します。

BGA などの半導体部品のベース材料となるプリント配線板はインターポーザ（あるいはサブストレート）と言います。プリント回路板の実装と比べると密度が高く、製造にも高い技術が要求されます。インターポーザとベアチップの接続にはワイヤボンディングが使われていましたが、パッケージを小さくするためにフリップチップによる接合が行われていることも多くあります。ほかにも FO–WLP（Fan Out Wafer Level

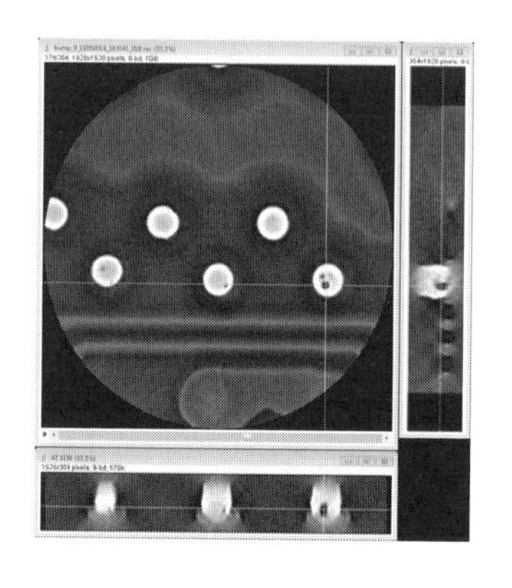
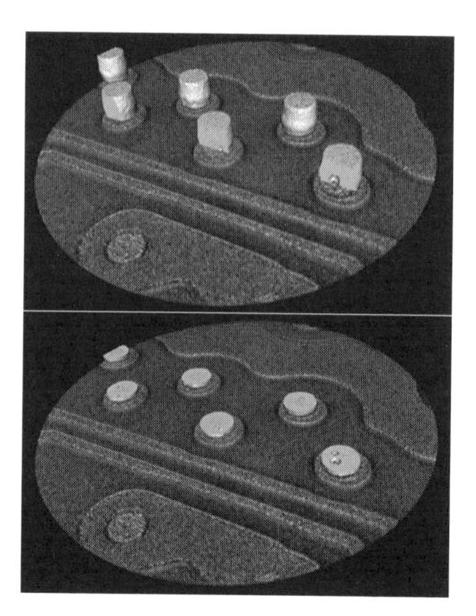

図 4-19　高速 CT で撮像されたフリップチップ

Package）など、様々なパッケージが生まれており、それらの接続部の3次元形状の検査を行うことが求められてきています。図 4-19 にフリップチップのはんだ部のレンダリング画像を示します。

ほかにもパッケージの下面に電極がある部品は LGA（Land Grid Array）や PGA（Pin Grid Array）などがあり、求められる信頼性やコスト、そして大きさによって様々なパッケージが採択されるため、それに合わせた非外観部の検査技術検討が行われています。これら、下面に電極のある部品をきっかけにはじまった高速 CT によるインラインでの非破壊検査は、現在では失敗コストを削減する重要な品質保証手段となってきています。

4.3.2　QFN/SON の検査

QFN は小型でハイパワーかつ安価なものが存在することから、海外の車載などで採用が増えています。部品下面や側面の電極を、基板のランド上へ電気的に接続するリードレスであるのが特徴で、QFP よりも高密度化に対応できるといったメリットがあります。

ただし、電極間を狭くし過ぎたり、はんだ量が多くなり過ぎると、図

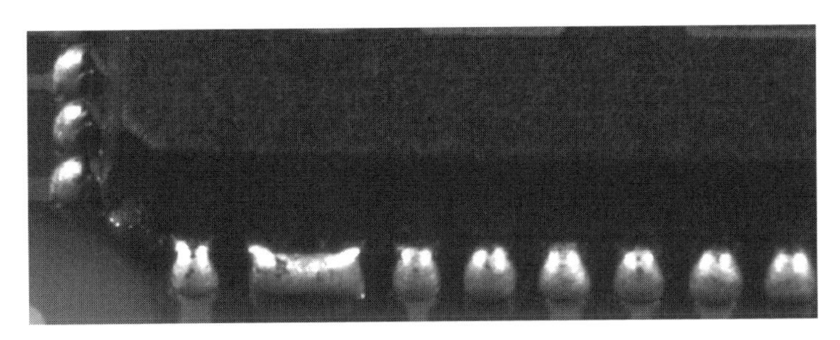

図 4-20　QFN のブリッジ不良

図 4-21　QFN のはんだ形状

4-20 のようなブリッジ不良を起こす可能性が高くなり、検査工程で発見できても結果的に廃棄や修理のコストを増加させます。また修理を行うとはんだ接合の品質が低下するため、外部失敗コストを発生させるリスクが高まります。

QFN が課題となりやすい部分は、はんだ接合の品質です。この部品は市場に出回ってからも接合信頼性と検査のために電極形状の改善がなされたり、はんだやめっきの工夫がなされたり等、様々なことが行われてきました。検査における注意点としては、ほかの部品と比較し、良・不良品のはんだ形状に異なった特徴がみられるケースが多い点です。部品電極やランド設計によっては、図 4-21 のように良品が不良品と類似するドーム型になることがあります。

また不良品が電極の下面部だけにぬれあがったりすると、はんだ形状が富士山型になるなど、一般的な部品のはんだ接合形状とは良・不良が逆のパターンになるケースも確認されてきています。図 4-22 に良品と不良品例を示します。

このような課題から、様々な対策がなされてきた経緯がありますが、複数の対策方法が混在し、検査の品質基準が複雑化するケースについては、光学外観検査や目視検査における外観上の良・不良の判別の根拠が薄れてしまう可能性があります。

図 4-23 に QFN の異常なはんだ接合の例を示します。左から 4 つ目の電極は、人が見ると直感的に何かがおかしいと感じますが、それは絶対的な品質基準に照らし合わせているというより、周囲の電極のはんだ形状と違うから何か変だということになります。そこで、もしこれを 4 つ目が良品でありそれ以外を不良品ではないか、と目視検査員が判断したら、それは必ずしも即否定できない可能性があります。その場合、念のためほかの基板と比較したり、部品設計を調査して最終判断することになりますが、そういった確認のための時間や手間も検査コスト（検査運用コスト）の増大のひとつとなります。

図 4-24 に前述とは異なる電極及びランド設計の QFN を示します。前に示したケースとは違ったはんだ形状であるのがわかります。外観からの検査への配慮から、ランド設計も少し長めにしているケースです。

図 4-25 に光学外観検査装置での画像例を示します。このように外観

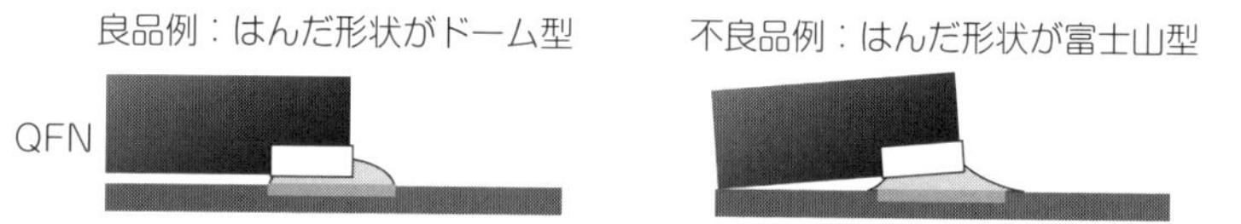

図 4-22　QFN の良品と不良品（はんだ接合部）

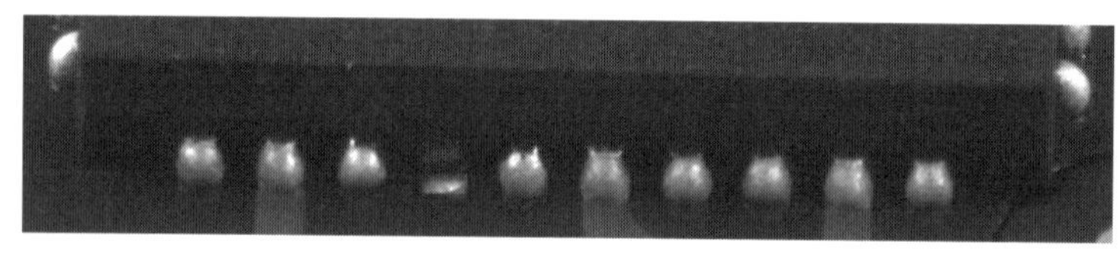

図 4-23　QFN のはんだ接合①

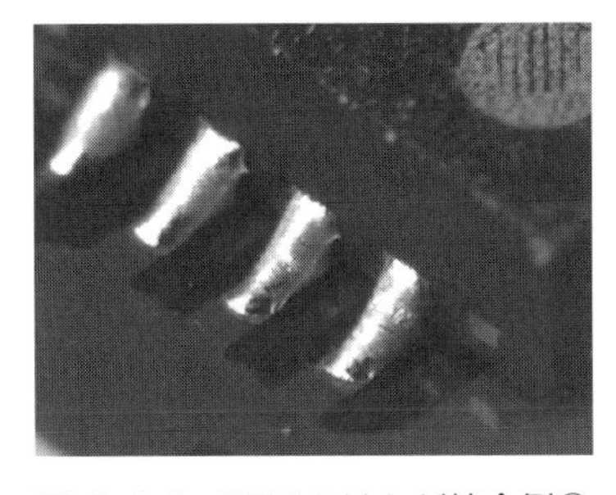

図 4-24　QFN のはんだ接合例②

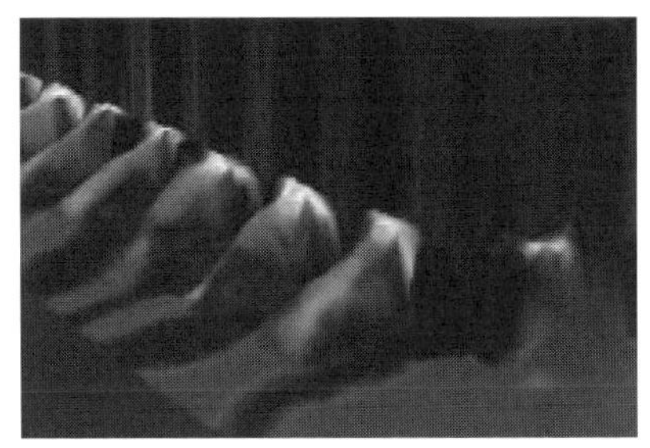

図 4-25　QFN のはんだ接合部の3D 光学外観検査画像

(a)　断面

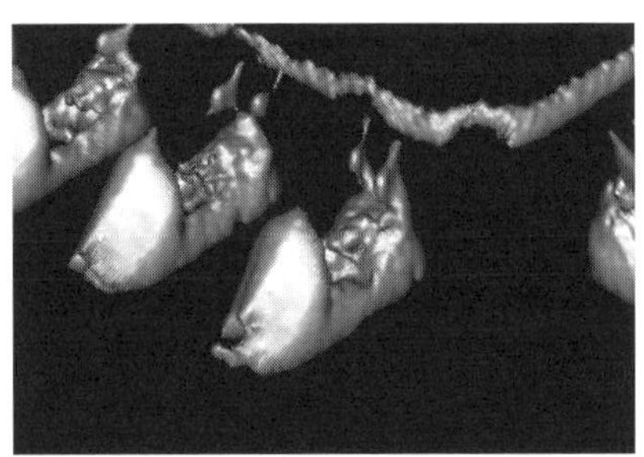

(b)　レンダリング画像

図 4-26　QFN のはんだ接合部の断面(a)と高速 CT のレンダリング画像(b)

から見えるようにし、良品と不良品の判別をしやすい状態を作り出すことができれば、はんだ形状の認識は十分に可能となります。ただし、ランド設計を大きくすることは高密度化するトレンドと背反するという課題があります。

図 4-26 に QFN のはんだ接合部の断面と高速 CT のレンダリング画像を示します。このように外観から見えない部分を見えるようにし、はんだ形状全体を認識することで高密度化や小型化に対応ができる可能性が高まります。

4.3.3　QFP/SOP の検査

QFP（及び SOP）は、リード電極を持つパッケージで、QFN（及び SON）と比較すると高密度化の面では不利ですが、リード電極がガルウィング形状であることから応力緩和がなされるといったメリットがあり、現在でも数多く使用されています。

電極間を狭くし過ぎたり、はんだ量が多くなり過ぎるとブリッジ不良を起こしやすく、検査工程で発見できても結果的に廃棄や修理といった

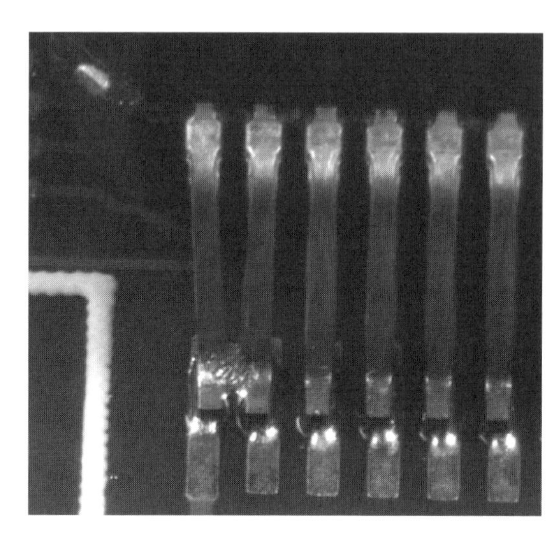

図 4-27　QFP のブリッジ不良
左から 1 ピン目と 2 ピン目

図 4-28　QFP のはんだ未接合
一番左のリードが未接合でそれ以外は下付き浮き

内部失敗コストを増加させます。また修理を行うとはんだ接合の品質が低下し、外部の失敗コスト（リスク含）が増加します。**図 4-27** に示すようにリード電極の曲がりは一般的に発生しやすい傾向にあり、その影響でブリッジ不良を発生させる可能性が高まることがあります。またリード電極の曲がり方によっては、**図4-28** のようにはんだの未接合を引き起こします。

図 4-29 に SOP のはんだ接合部の写真を、**図 4-30** に光学外観検査の 3 次元画像を示します。

光学外観検査技術の進展により、QFP や SOP のリード電極のフロントフィレットの 3 次元認識ができるようになってきました。

図 4-31 に品質不良の画像例を示します。左から 1 番目と 2 番目のリ

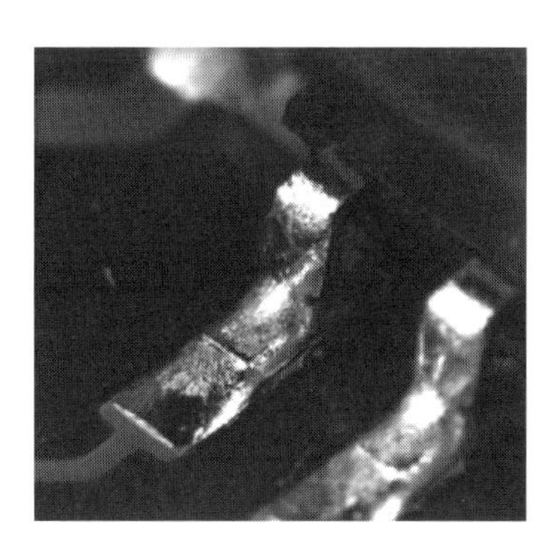

図 4-29　SOP のはんだ接合部の写真

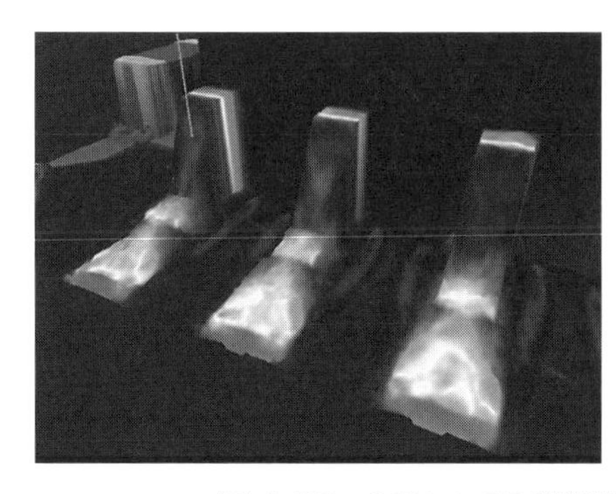

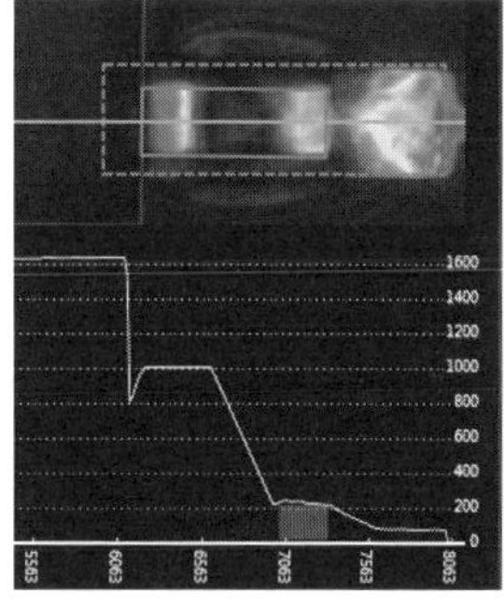

図 4-30　SOP の 3D 光学外観検査の画像

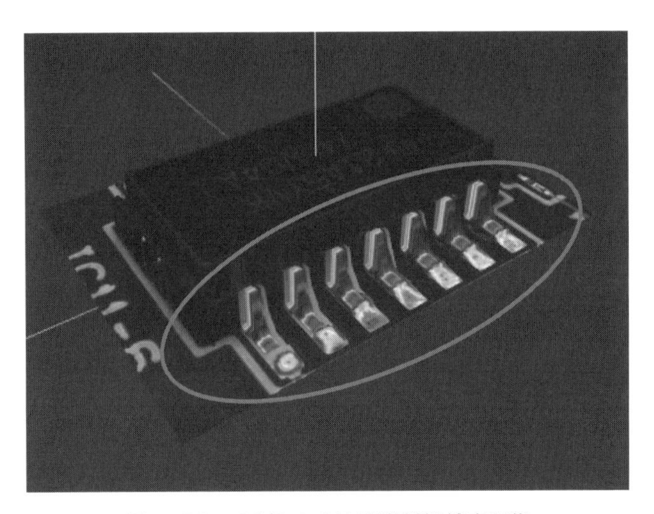

図 4-31　SOP の 3D 光学外観検査画像

ード電極部にはんだは存在しているものの、不ぬれとなっているケースです。そのほかのリード電極は、はんだ接合がなされていますが、はんだ量のばらつきが生じています。

外観検査における 3 次元の形状認識力は向上しているものの、このガルウィング形状を持つ部品については、自動光学外観検査の黎明期から、フロントフィレットの検査による品質保証の妥当性が問われてきました（図 4-32 参照）。

なぜならフロントフィレットは、直接的にはんだ接合強度を保つ役割が小さいからです。それでも光学外観検査も目視検査による外観検査も、小さなフロントフィレットが確認できているのであれば、バックフィレットも正常に形成されているはずだという理屈のもとに、外観から見えるわずかな情報だけで品質保証する考え方が普及していきました。昨今では高密度化の影響により、フロントフィレットを形成するランド部も短くなりつつあることから、改めてバックフィレット含めたフィレット全体の、全数検査の必要性を問われるケースが出てきています。

また QFP や SOP に限りませんが、このようなリード折り曲げ部が存在する部品のはんだ接合は、はんだが折り曲げ部まで吸い上がり過ぎないようにする必要があります。図 4-33 に例を示します。はんだが上がり過ぎる現象をウィッキングと言い、リードの応力緩和が効かなくなり、フィレット部にクラックを生じさせる可能性があります。昔からフローはんだ付のアキシャル部品でも課題がありました。

図4-34にリード電極の断面カットした写真(a)と高速CTのレンダリング画像(b)を示します。

図4-35は主要接合部であるバックフィレット側に大きなボイドが発生している例です。(a)が断面カット写真で(b)が高速CTのレンダリング画像（横断層）です。ボイドは工程でコントロールできるものではありませんが、特に径の大きいものは疲労寿命に影響します。

図4-36もリードの折り曲げ部までわずかにはんだが吸い上がっている傾向があり、フィレット部が小さくなっているケースです。(a)が断

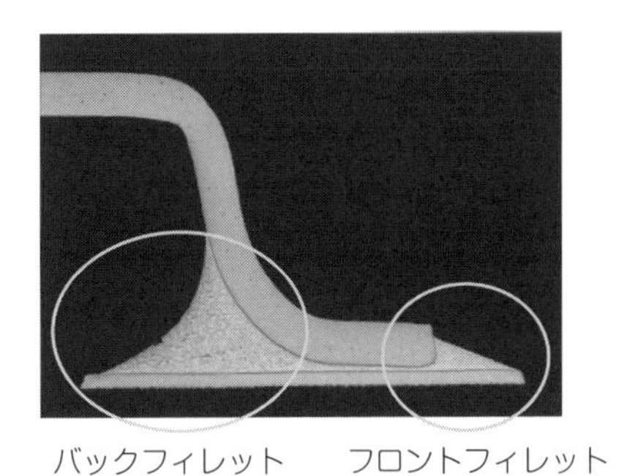

図4-32　ガルウィングに生成された理想的なフィレット

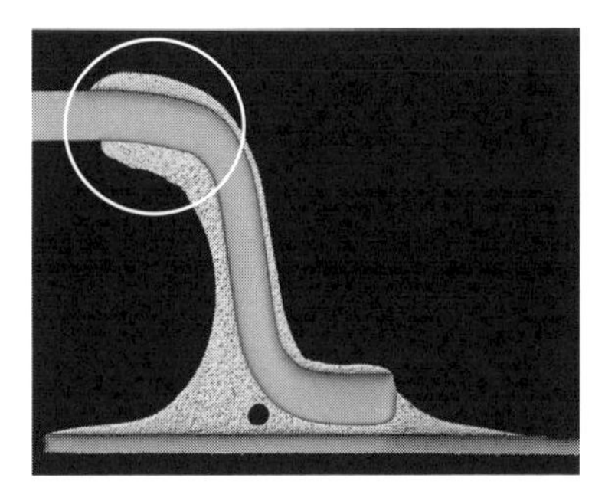

図4-33　ウィッキングの例

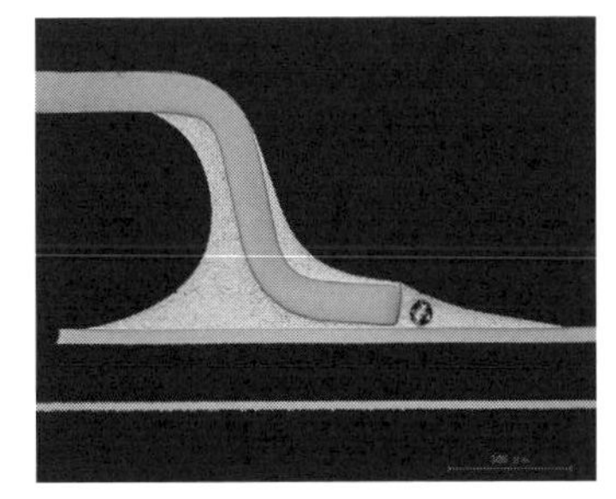

(a)　断面写真

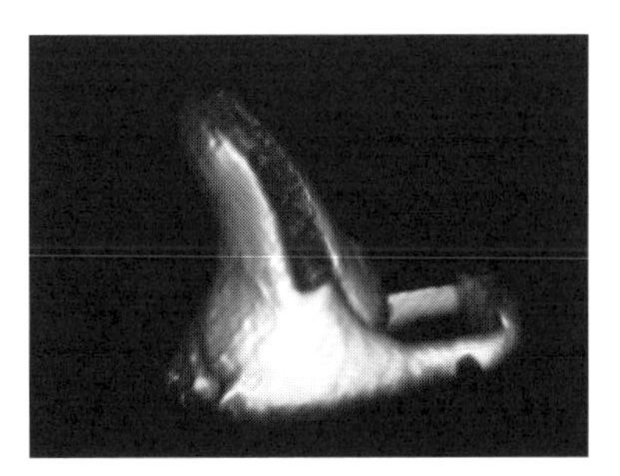

(b)　レンダリング画像

図4-34　QFPはんだ接合部の断面写真と高速CTの画像

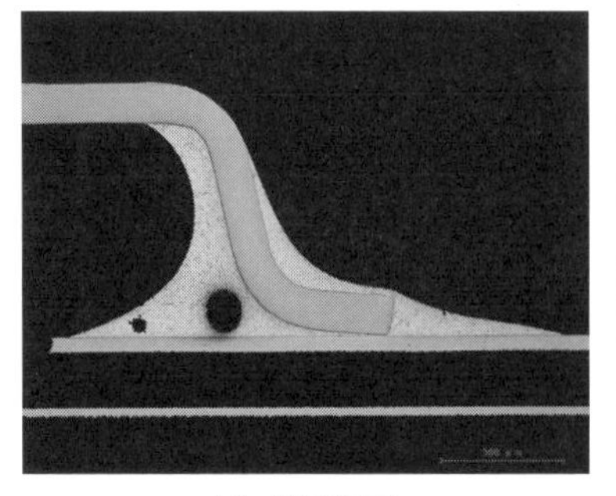

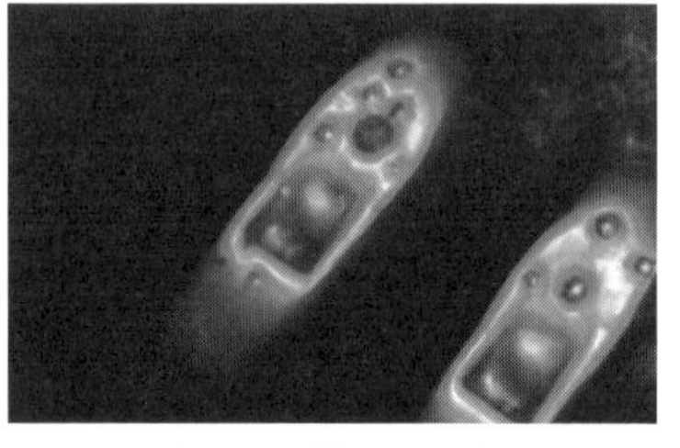

(a) 断面写真　　(b) レンダリング画像

図 4-35　QFP はんだ接合部の断面写真と高速 CT（横断層）の画像

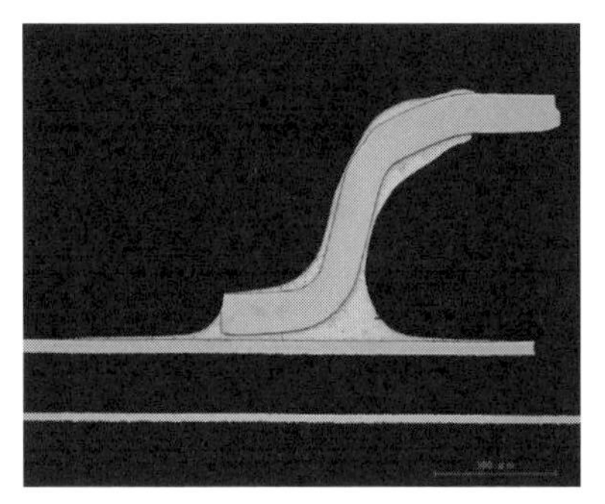

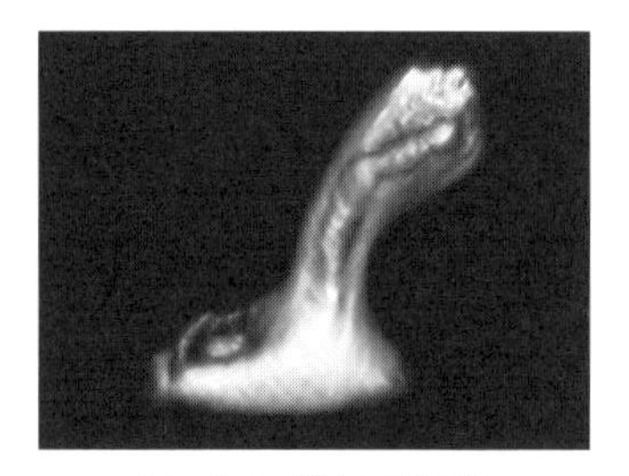

(a) 断面写真　　(b) レンダリング画像

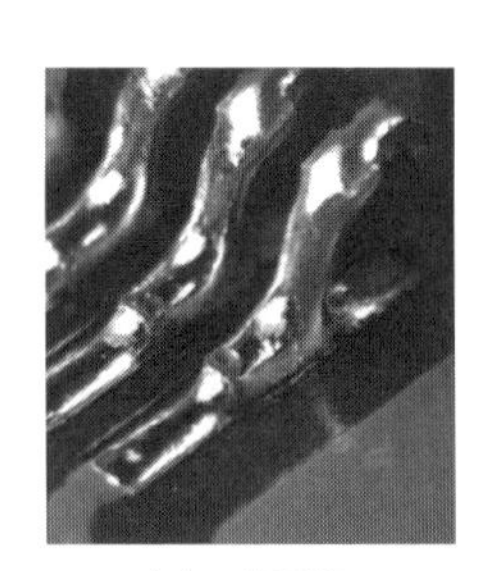

(c) 実画像　　(d) 光学外観検査画像

図 4-36　QFP はんだ接合部の写真と各種検査画像

面写真で(b)が高速CTのレンダリング画像です。また参考までに(c)に実画像、(d)に光学外観検査画像を示します。

光学ではウィッキングの傾向を捉えることは困難ですが、高速CTでは、はんだの吸い上がりやフィレットの状態など全体のはんだ接合状態が見えます。

4.3.4　フラットリードの検査―2Pダイオード

フラットリードの代表例としては2P（2ピン）のダイオードがあります。この部品は昔から光学外観検査が難しい部品のひとつとされ、**図4-37**のように旧式の2次元の光学検査装置においても、カメラの撮像方向を変えるなど様々な検討がなされてきました。

これを難しくしてきた要因は何でしょうか。ひとつ大きな要因として、はんだ量と電極厚の関係があります。

例えば、はんだ接合時のフィレットの高さが電極高さと同等程度になると、電極の上にはんだが被ったり、被らなかったりなどして、はんだ接合部のぬれ角度が大きくばらつきはじめます。

図4-38は、左が実画像で右が3次元の光学外観検査の画像です。3つの例がありますが、これはすべて同様の製造プロセスで実装されたものです。しかし、(1)は電極にはんだが被っていません。(2)は電極にはんだが被り掛けています。(3)は電極にはんだが完全に被っています。

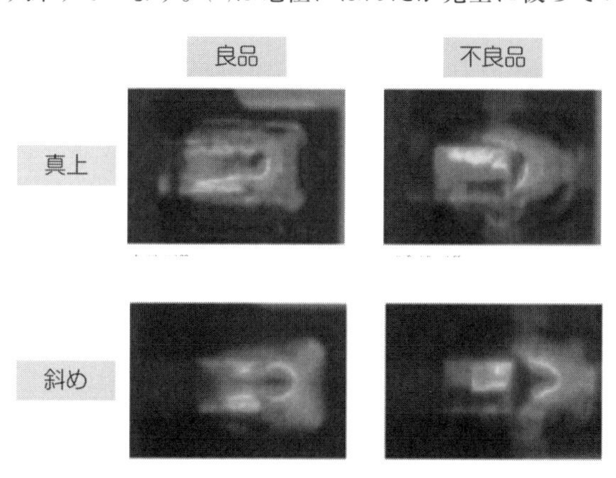

図4-37　2Pダイオードの光学外観検査画像

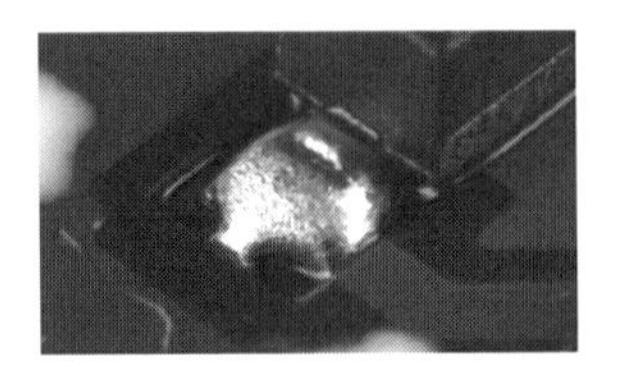
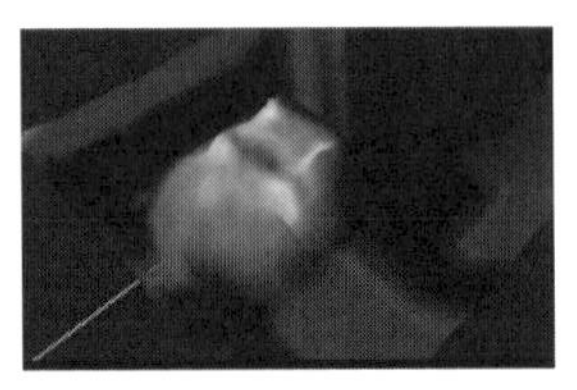

(1) 電極にはんだが被っていない

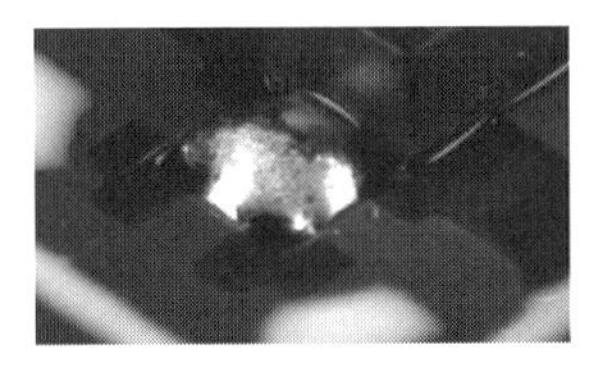
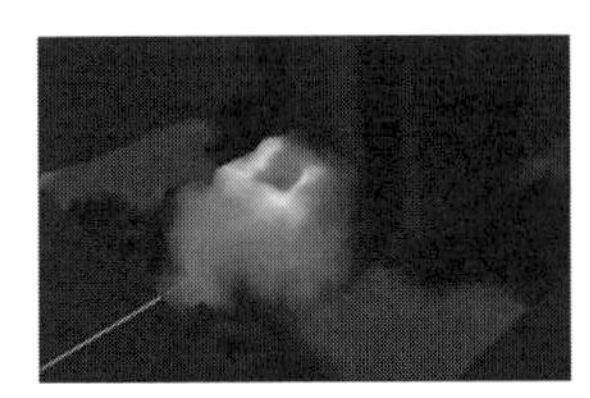

(2) 電極にはんだが被り掛けている

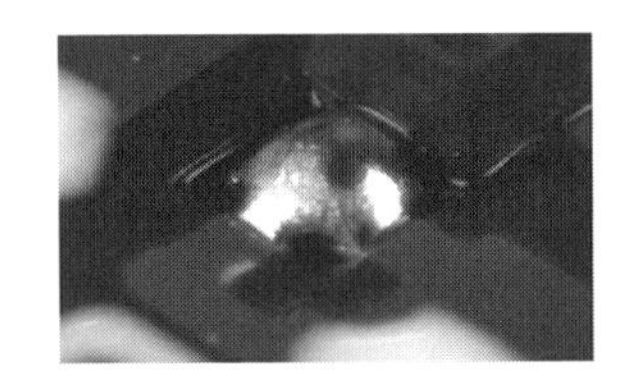
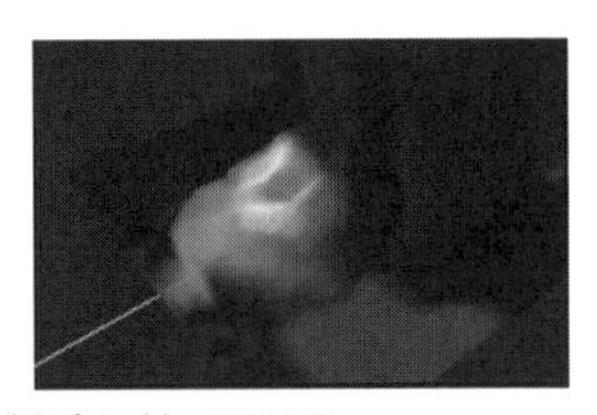

(3) 電極にはんだが完全に被っている

図 4-38　2P ダイオードの写真（左）と光学外観検査画像（右）

このようなことが発生し始めると、いくらはんだ印刷工程ではんだ量のばらつきを抑えても、はんだぬれ形状のふらつきが抑まることはありません。問題の本質は量的な変動ではないからです。目視検査員も同様で、この差異を限られた工程時間内で、錯覚を起こさないように確実に良否判別をするには高い能力を要します。

例えば、このような課題が発生しているケースにおいては、電極先端部のぬれ角に着目して計測してみます。図 4-39 ①は角度を視覚でイメージしやすいように、棒グラフで差異を示しました。光学外観検査機が計測した部品電極側のぬれ角度を計測値が少ない順に並べています。左側が良品で右側が不良品ですが、良品と不良品（未接合）の計測値に差異がありません。またここでは良品よりも不良品の方が、はんだ形状が安定しているという現象が発生しています。

このようなケースは、旧式の 2 次元画像の検査機では、はんだの上面

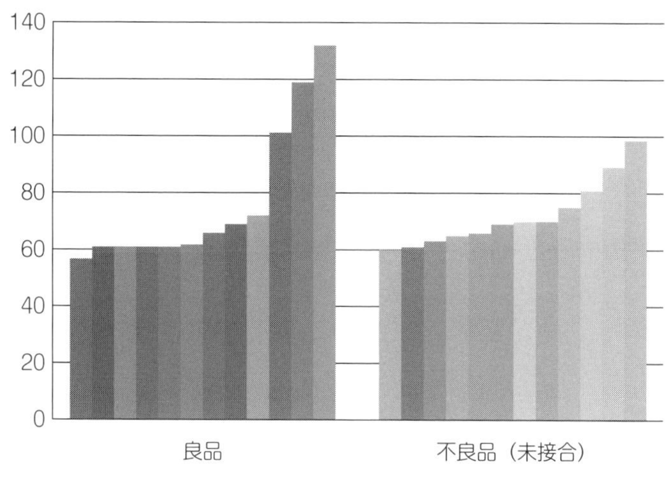

図 4-39　①電極先端部のぬれ角度（度）

に浮き出てしまった品質不良の部品電極の輪郭を画像処理技術により捉える対策などが試されてきましたが、部品電極にはサイズ誤差が存在するため、その検出力は部品電極の製造ばらつきに依存される傾向がありました。

昨今の 3D の検査機ではセンシング機器が増えて、さらに必要な検査アルゴリズムが搭載されていれば検査は可能となってきていますが、良品と不良品の特徴が似ているものは、検査プログラミングが複雑になることと目視検査の人的ミスの可能性を高めることから、検査コストや失敗コストを増加させる一因になります。

このようなことが発生した場合は、後戻りが難しいため、生産技術による工程設計上で対策されることが多いのですが、過去にはどのような対策が行われてきたのでしょうか。

ひとつの考え方として、はんだ量を減らすということが挙げられます。例えばランドサイズに対して思い切ってメタルマスクの開口を半減（50％減）してみると、図 4-39 ②のように良品と不良品の計測値の差異が明確になり、目視検査が減ったり検査プログラミングが容易になることから、検査コストが低減します。

これで検査コスト削減になるのはよいのですが、この対策の場合、通

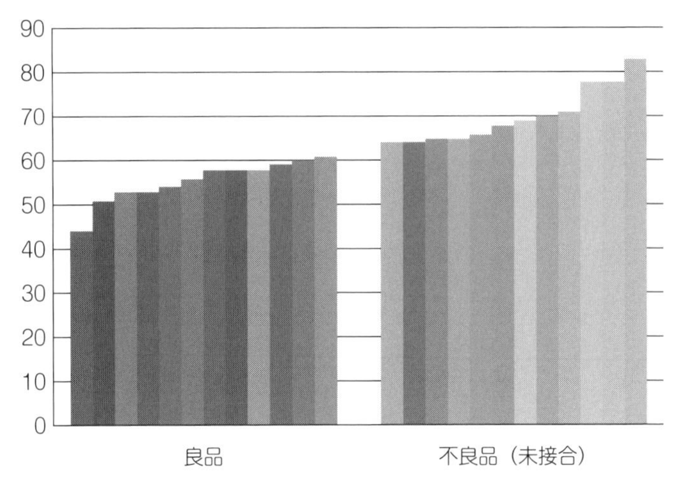

図 4-39　②電極先端部のぬれ角度（度）

常はメタルマスクの開口を小さくすることになるため、はんだの抜けが悪くなりがちです。それは品質不良を誘発し、内部失敗コストが上がります。また、はんだ接合強度が低下することで外部失敗コストが増加するという可能性も考えられます。そこで、さらにその問題がないか否かを確認するためのコストが発生・増加する、といったことが起こります。

では逆に、はんだ量を増やしたら特徴差異が出てくるのではないかとして、そのための対策がなされてきましたが、ランドよりもメタルマスクの開口を外側に拡げる対応をした場合は、印刷したはんだがランド上に戻らない可能性があり、その場合ははんだボールが発生します。はんだボールは後々短絡不良の問題を引き起こす可能性があり、失敗コストがいつ発生するかわからないというリスクにさらされます。また図 4-40 のように、部品そのものが船のようにはんだの上に浮かぶことで部品が傾く現象が発生し、結果的に未接合を引き起こす可能性を高めます。これも品質不良を誘発し、失敗コストを増加させることとなります。

はんだ接合信頼性に関して品質向上による失敗コスト削減だけを考えたり、光学外観検査における検査コスト削減だけを考える分には対策が見つかることが多いのですが、それら両方のコストを削減するということは、過去から現在において特に工程設計側での課題とされてきました。

浮き上がって傾く

図 4-40　2P ダイオードのはんだ量増加

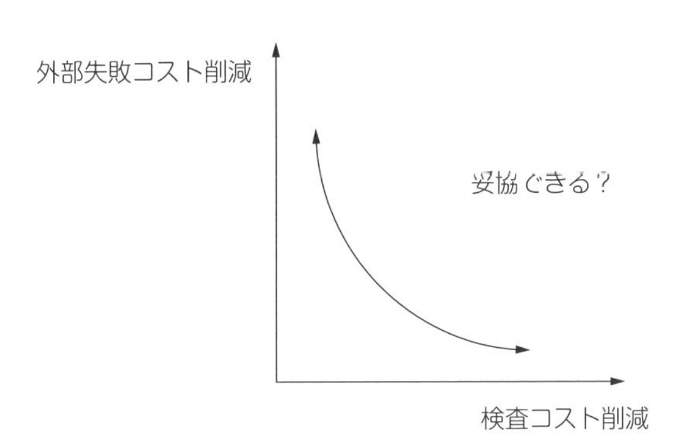

図 4-41　トレードオフ

両立が困難なケースは品質コスト要素の中での最適な対策を見極めトレードオフ（図 4-41）することとなります。

図 4-42 に品質コストへの影響を例として示します。

昨今では、高速 CT 検査であればはんだ形状のみを抽出できるため、電極のノイズの影響を受けずに接合状態を容易に判別できるようになってきましたが、それでも良品と不良品の特徴に差異がある方が、品質におけるコスト削減の可能性は高くなります。

図 4-43 に高速 CT の画像を示します。(a)が正面側で(b)がその反対側から撮像したものです。

4.3.5　フラットリードの検査—アルミ電解コンデンサ

信頼性に配慮が必要な部品にアルミ電解コンデンサがあります。例え

品質コストの課題例：失敗リスクと検査コスト増

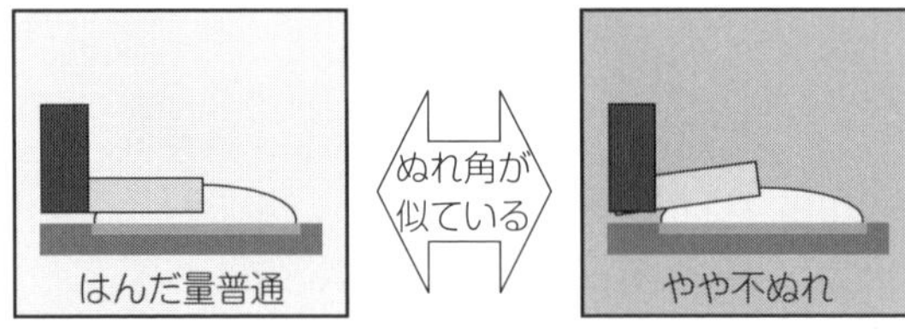

電極の輪郭や電極の高さで見るのは高度なスキルがいる。

対策事例

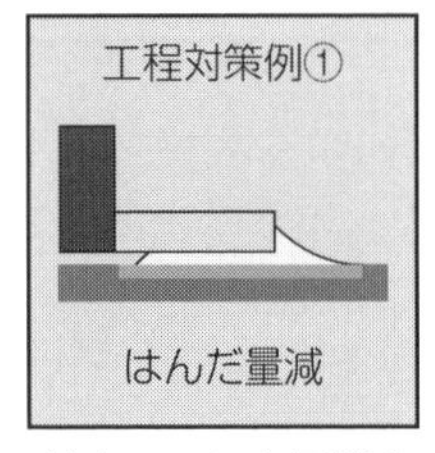

検査コスト大幅削減
ただし、失敗リスク増

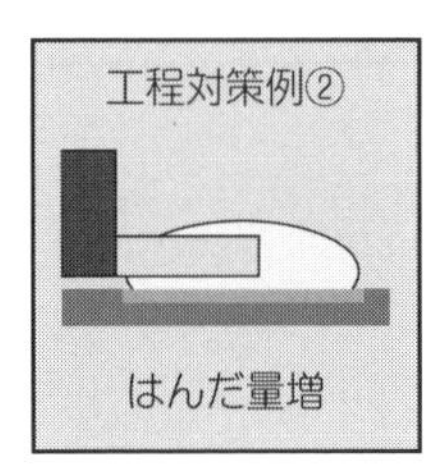

検査コスト削減
ただし、失敗リスク増

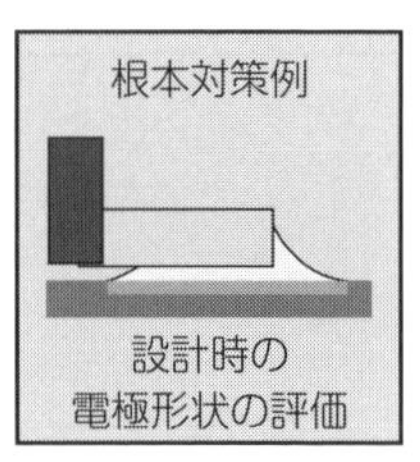

検査コスト大幅削減
失敗リスクなし

図 4-42　2P ダイオードの品質コスト例

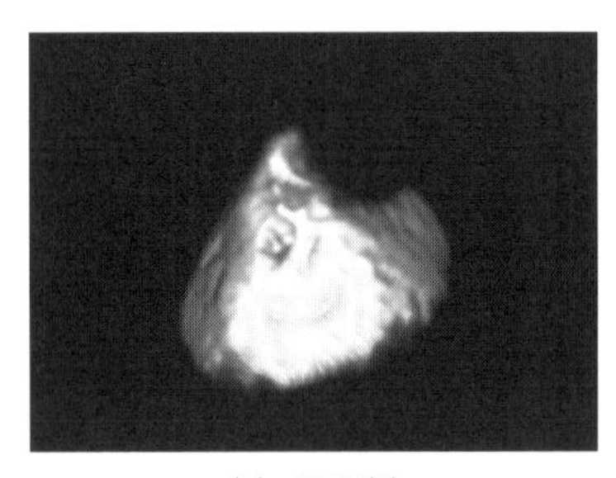

(a)　正面側

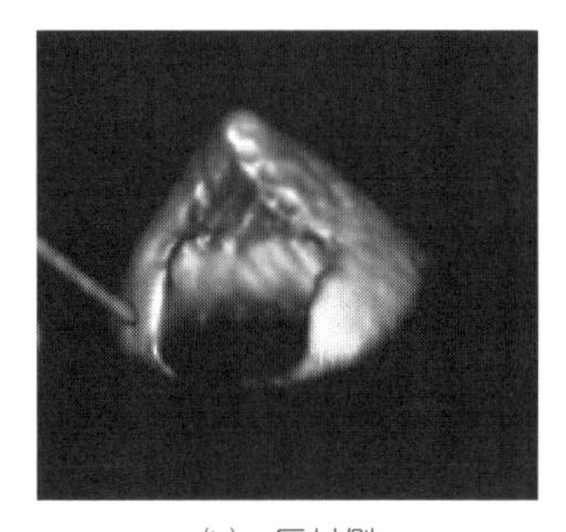

(b)　反対側

図 4-43　2P ダイオードの高速 CT レンダリング画像

ば基板上のすべてのアルミ電解コンデンサに QR コードが付いているケースもあります。大きなアルミ電解コンデンサはフロー方式ではんだ接合されるものがありますが、表面実装のコンデンサでも大きめのものがあり、部品の高さが 20 mm を超える場合もあります。また、最近では接合信頼性のために補助電極があるものも登場してきています。この部品

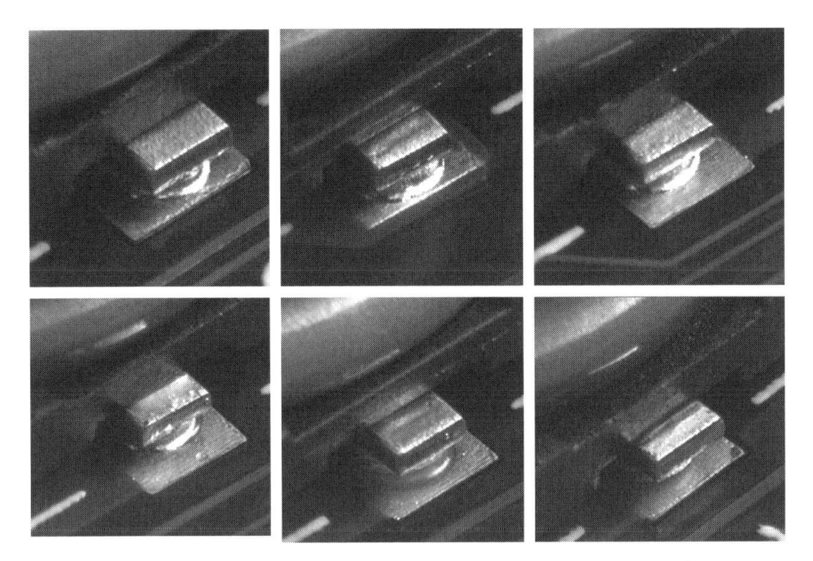

図 4-44　アルミ電解コンデンサの電極先端部のフィレットのばらつき

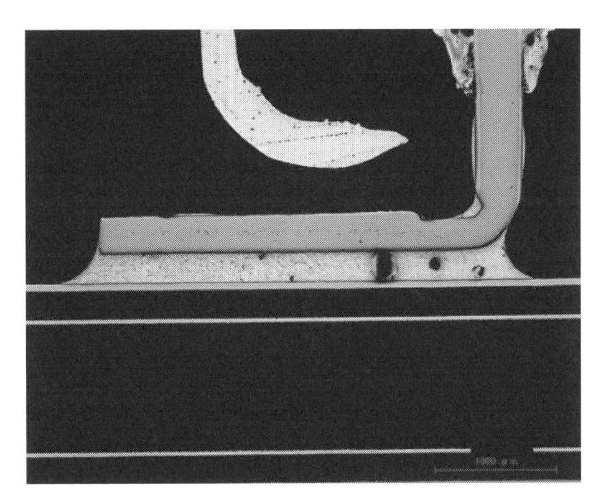

図 4-45　アルミ電解コンデンサのはんだ接合部

の表面実装部品は基本的にフラットリードです。図 4-44 にそのはんだ接合部を示します。ランド設計やはんだ印刷によりますが、電極先端部だけを数多く見ていると、はんだ接合量が大きくばらついて見える場合があります。

完成品だけ見ていると意外と気付かないのですが、この部品は図4-45に示すように、実際には台座の下の奥の奥の方まで電極があります。よってはんだの印刷がどうであったか、電極の傾きがどうか、はんだがどこに流れたかで、外観から見えるはんだ形状や接合量が違って見えます。

図4-46は光学外観検査画像です。電極先端部のはんだ付け性を検査しています。

図4-47に高速CTのレンダリング画像を示します。

4.3.6 パワートランジスタの検査

フラットな電極にはパワートランジスタのような大きなものもありま

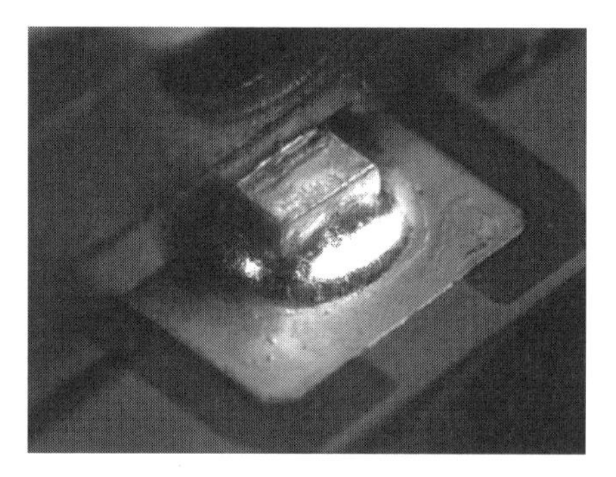
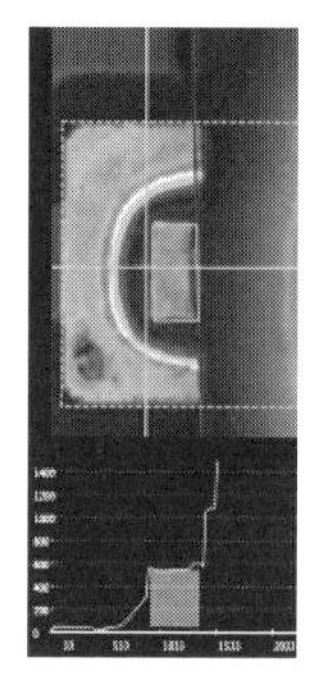

図4-46 アルミ電解コンデンサ
電極先端のはんだ接合部の写真と光学外観検査画像

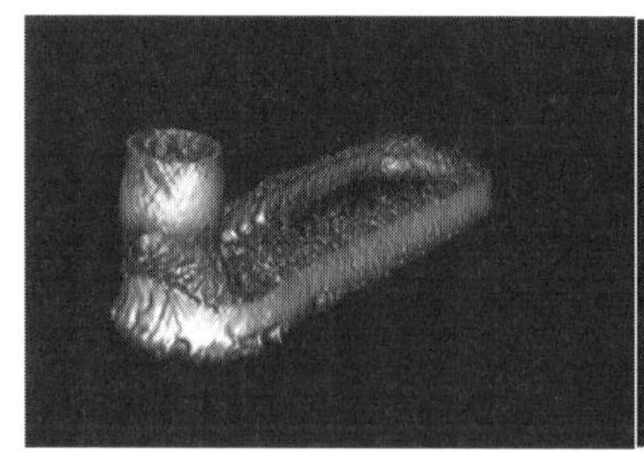
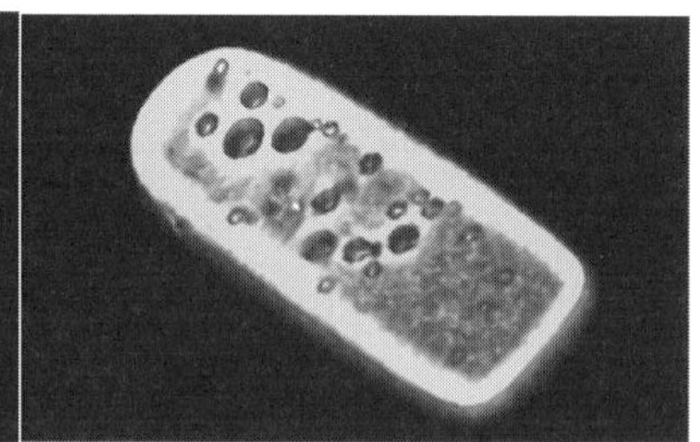

図4-47 アルミ電解コンデンサの高速CTレンダリング画像

す。この部品に関しても、ランドや工程設計によって電極先端部のはんだの形成状態が確認しにくいケースがあります（図 4-48）。

光学外観検査と高速 CT による内部含めたレンダリング画像を図 4-49 に示します。

この部品に関してはランドが大きいため、ボイド発生状況を把握しやすい傾向があります。特に大きなボイドは疲労寿命だけでなく放熱を阻害する要因にもなります。よって、面積などの率だけでなく直径サイズでの管理ができることが理想的です。また、この部品の近くにある部品ははんだのぬれ性に影響を及ぼすことがあり設計や検査の観点で注意が必要です。

4.3.7　角チップの検査

図 4-50 に示したような角チップは基板上に数多く搭載されています。

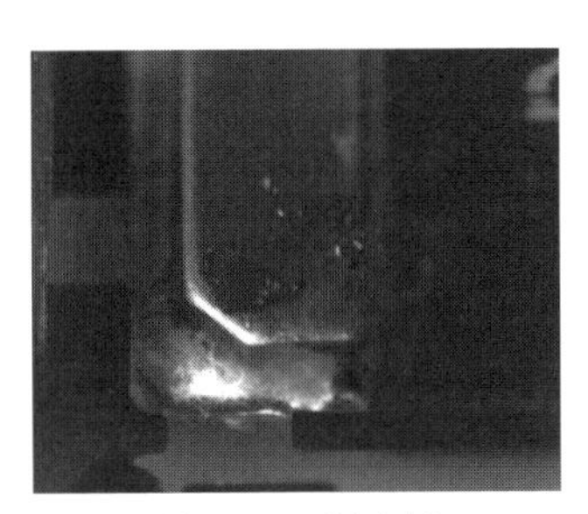

(a)　はんだ接合部

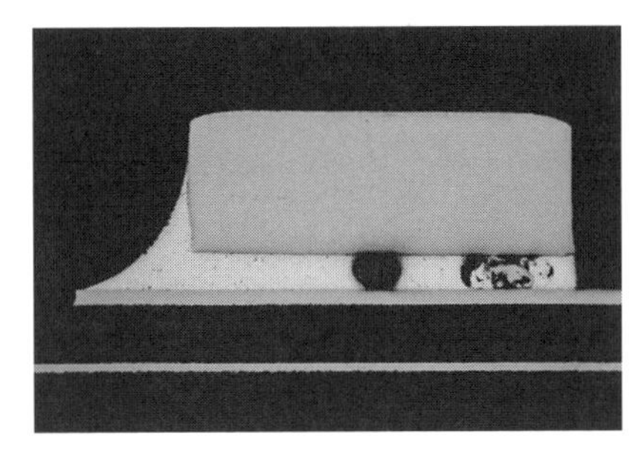

(b)　断面写真

図 4-48　パワートランジスタのはんだ接合部(a)及び断面写真(b)

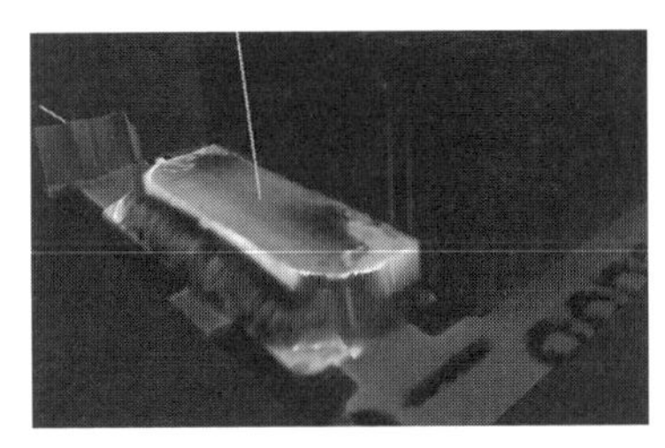

(a)　光学外観検査画像

(b)　レンダリング画像

図 4-49　パワートランジスタの光学外観検査画像(a)と高速 CT のレンダリング画像(b)

チップ部品は一般的に、長辺サイズと短辺サイズをもとに表記されます。mm 表記と inch 表記がありますが、ここでは mm 表記で示します。例えば、長辺 1.6 mm、短辺 0.8 mm のチップは 1608 と言います。メートル法であることがわかるように 1608 M と表記されることもあります。ただし、表記サイズと実際のサイズが違う場合があり、注意が必要です。例を挙げると 0201 の長辺は 0.25 mm です。

実装技術ロードマップ（JEITA、2019）をもとにコンデンサに焦点を当てると、市場の部品サイズ構成比の変化としては、1997 年頃に 2012 サイズから 1608 サイズに、2003 年頃に 1608 サイズから 1005 サイズに、2018 年頃に 1005 サイズから 0603 サイズになっています。0402 はモバイル機器などに以前から採用されていますが、それより小さい 0201 は、肉

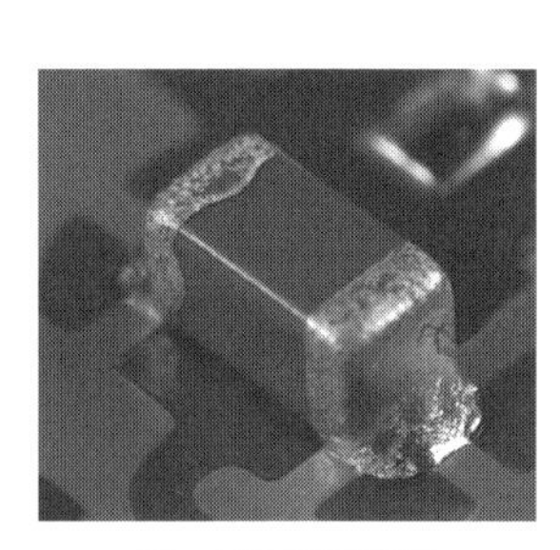

(a) はんだ接合部

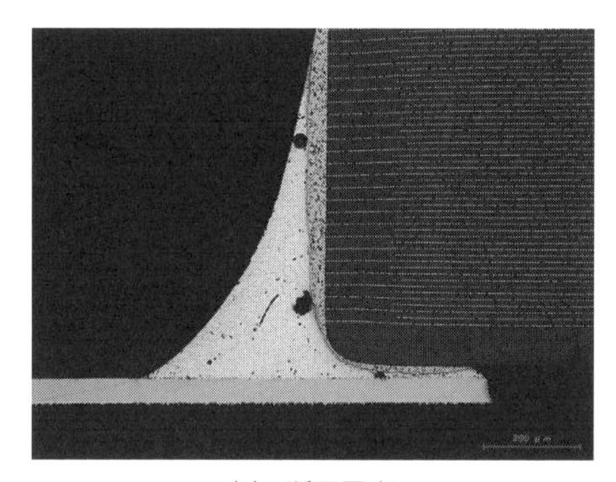

(b) 断面写真

図 4-50　角チップのはんだ接合部(a)及び断面写真(b)

(a) 光学外観検査画像

(b) レンダリング画像

図 4-51　角チップの光学外観検査画像(a)と高速 CT のレンダリング画像(b)

眼では部品と認識することが困難であるほど微細です。

角チップは昔から、フィレットレス化（ランドの突出し量ゼロ）が話題になりますが、フィレット形成のためのランドの突出し量が相応にあれば、接合強度に問題がない、という実験結果は一般的に目にすることが多いと思います。高密度化を検討する場合は部品やランドの公差も含めて考える必要があります。参考までに、光学外観検査と高速CTによる内部含めたレンダリング画像を図4-51に示します。

角チップのはんだ接合も含めて、高速CTで全数検査している現場はありますが、基板内の部品点数が多いためタクトへの影響が大きいことから、現時点では自動光学外観検査で検査するのが一般的です。

4.3.8　ディップタイプコネクタの検査

コネクタは、回路などを電気的に接続したり切り離したりするために用いられ、簡単な工具や手で抜き差しできます。その信頼性として電気的性能だけでなく、挿抜耐久性や耐振動といった性能が求められます。特に自動車のECUなど、現時点では表面実装部品（SMDコネクタ）よりも接合強度のあるディップタイプのコネクタを、スルーホール技術で接合しているのが一般的です。よく採用されているのは、先に表面実装部品をリフローで両面実装してからコネクタを局所フローする方法です。

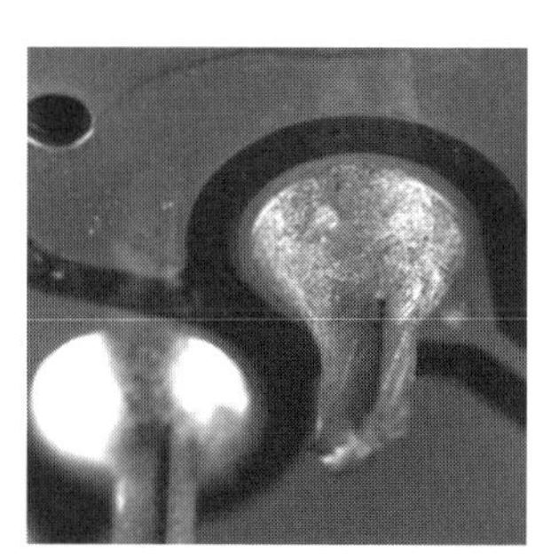

(a)　はんだ接合部

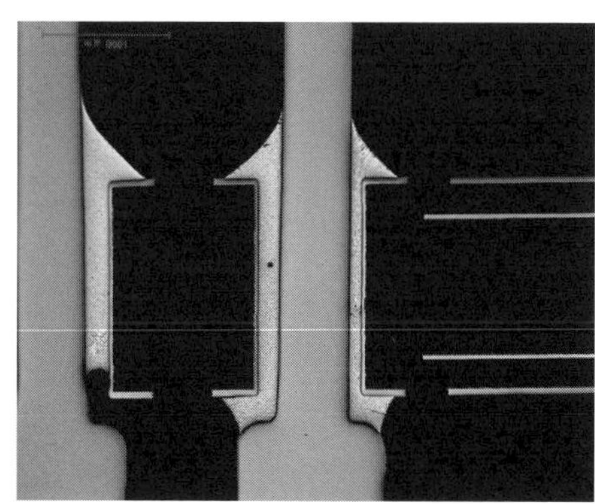

(b)　断面写真

図4-52　ディップタイプコネクタのはんだ接合部(a)及び断面写真(b)

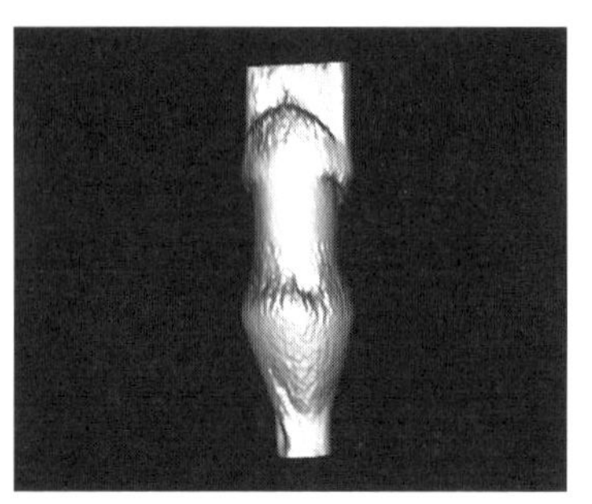

(a) 光学外観検査画像　　(b) レンダリング画像

図 4-53　ディップタイプコネクタの光学外観検査画像(a)と高速 CT のレンダリング画像(b)

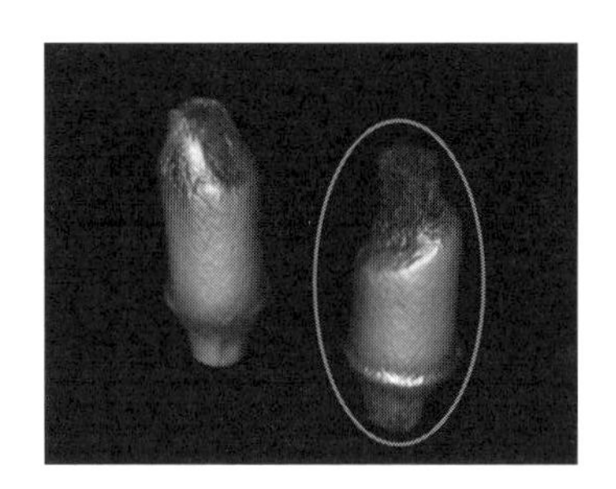

図 4-54　ディップタイプコネクタのはんだ充填不足の高速 CT レンダリング画像

図 4-52 に実画像を示します。

昔から、はんだ充填率の品質基準は公的にも、企業においても一般的に存在していましたが、内部の充填については外観から見ることが困難であったため、はんだ面（裏面）側の光学外観検査が行われてきました。図 4-53(a)に、はんだ面側の光学外観検査画像、(b)に高速 CT のレンダリング画像を示します。

図 4-54 に示すような、はんだの充填が不十分なケースは、実装現場や市場においても確認がされています。

昨今では、はんだ使用量の削減や工程削減を目的として、部品搭載面側のスルーホール部にはんだペーストを供給し、リフローにて接合する方式があります。このような方式は、スルーホールリフローあるいはピンインペーストと呼ばれます。はんだ接合においては挿入後のピン先端のはんだがスルーホール内に戻り充填されるようなコントロールが重要となります。

様々な工法での品質保証を考えると、充填率に加え部品面・はんだ面のぬれ性と、内部のボイドの発生量の検査が必要となってきています。外観検査と高速CTでは検査範囲に大きな差異があり、検査工程設計上でも配慮すべき点が多い部品のひとつです。

4.3.9　プレスフィットコネクタの検査

これまで電子部品の接続に関してのはんだ接合について記述してきましたが、はんだ以外にも接続方法があり、その代表的な例を挙げます。

例えばプレスフィットコネクタは、プリント回路基板に圧入装着するコネクタです。以前からサーバーなどの大型の基板にもよく利用されています。この部品はピンの曲がり、未挿入、挿入不良、破壊、接触不良といった品質不良があり形状の関係上、光学外観検査が難しいと言われる部品のひとつでした。図4-55にピン曲がりの写真を示します。

現在では高速CTによる検査が行われるようになってきています。図4-56に、ピンに曲がりが生じている高速CTのレンダリング画像を示します。

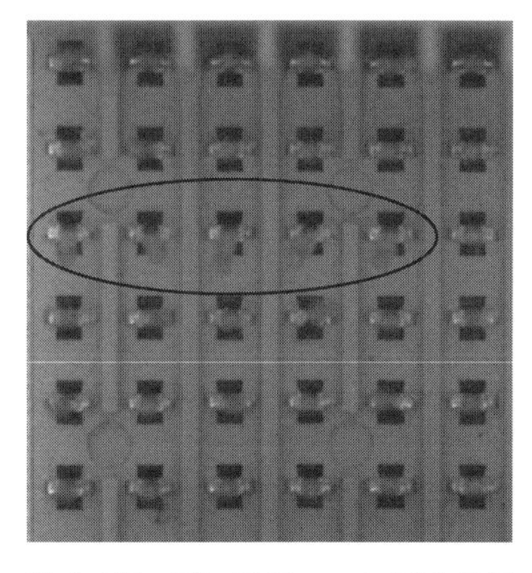

図4-55　プレスフィットコネクタのピン曲がり

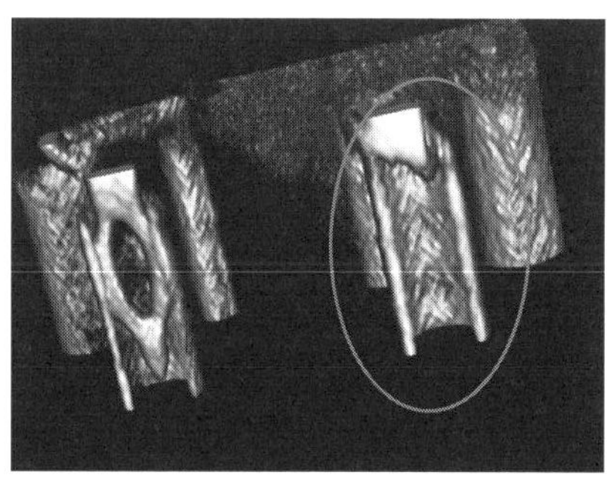

図4-56　プレスフィットコネクタのピン曲がり

5 受入/工程検査—内部失敗コストの削減

ここまでは主に、プリント配線板やプリント回路板において不良を流出させないための最終検査を中心とした、仕組化による検査コスト削減と外部失敗コスト削減について記述してきました。

最終検査を行って確実に品質不良を発見し、そこで適切な処置ができると、不良品はフィールドに出て行くことを防げます。しかし不良の発見だけでは、工程の途中で品質の問題が発生しても修正されないまま製品を作り続けてしまうため、廃棄や修理といった内部失敗コストが発生することになります。また完成してからの修理は、製品へのストレスが大きいため品質の低下を招く可能性が高く、結果的に客先の信頼含む外部失敗コストにも影響します。受入及び工程検査は、設備や運用コストが掛かることとの引き換えに、それらの失敗コストを削減することができます。本章ではプリント配線板及びプリント回路板の受入検査、そして工程検査含む検査体系を概説します。

5.1 プリント配線板の検査体系例

プリント配線板に障害が起こると、後に実装した電子部品や半導体パッケージにも影響が及び、失敗コストが増大します。したがって、プリント配線板の品質管理は重要です。工程全体の品質管理活動は、製造において欠かせないものとなっています。品質がよく変動の少ない材料を受け入れ、製造ラインでの製造条件のチェックとフィードバック、すなわちPDCAサイクルを効果的に回し、製造装置の日常点検保全を実施し、さらに受入検査、工程検査、最終検査など体系化した検査体制を確立することが大変重要なこととなります。

ここではプリント配線板における受入〜工程〜最終検査までの検査の体系を説明します。

5.1.1　受入検査

プリント配線板の基板材料は材料メーカーより購入します。特に有機樹脂はセラミックと比較すると、変動する要因が数多くあります。変動が大きいと完成品の性能にも影響しますので、できる限り小さい変動に抑えるように、ロットごとに受入検査を行って材料の履歴を明確にし、材料特性が正常な特性であることを確認しています。対象となる材料は、基板材料である銅張積層板、プリプレグ、ビルドアッププリント配線板用絶縁材料があり、そのほか無電解めっき液、電解めっき液、ソルダーレジスト材料など、出荷してユーザーに渡るものも対象となるため、十分な検査が必要となります。パターン作成用感光性材料、穴あけ用ドリルビットなどは工程内で使用されるもので、製造工程内での製品の品質を見て受入検査を実施します。

安定した材料については受入検査の頻度を粗くし、逆に変動の大きいものは密にするなど、材料の程度に応じ検査を実施しています。

5.1.2　工程検査

プリント配線板は、工程の要所で外観検査や非破壊の測定を行っています。表5-1に工程検査の項目の例を示しました。多層プリント配線板やビルドアッププリント配線板では、積層や絶縁層を形成して内層に置かれると、そのあと検査することができません。よって、工程の途中で内層の部分も回路形成後に自動検査を行っています。検査を全数とするか抜取りとするかはユーザーとの取り交わしで決めますが、高品質を要求されるプリント配線板は全数検査を行っています。

5.1.3　最終検査

受入検査と、その実装ラインで必要な工程検査を経て、前章で説明した最終検査（完成品検査）を行います。

その後、プリント配線板は出荷され、実装工場にて電子部品の実装を行います。

表 5-1　工程検査の項目（例）

工　程		検査項目
大工程	中工程	
基準穴あけ		穴径、バリ
パターン作成（内層）（外層）	盤面	研磨むら、バリ、突起、汚れ、など
	ラミネート	ふくれ、気泡混入、汚れ、など
	露光	マスク疵、ずれ、汚れ、疵、など
	現像	レジスト残り、抜け不良、汚れ、疵、など
	エッチング	断線、ショート、パターン欠損、銅残り、パターン寸法、基材割れ、疵、汚れ、など
	剥離	レジスト残り、汚れ、疵、など
積層	ガイド穴あけ	ガイド穴径、ガイド穴精度、など
	積層前処理	処理むら、処理色合い、疵、など
	積層	疵、平坦度、汚れ、板厚、層間厚、ガイド穴径、ガイド穴精度、など
樹脂コーティング	積層前処理	処理むら、処理色合い、疵、など
	積層	樹脂コーティングむら、疵、ピンホール、汚れ、など
穴あけ（機械ドリル）		穴数、穴径、バリ、疵、穴内粗さ、樹脂スミア、など
穴あけ（レーザ）		穴数、穴径、樹脂スミア、など
穴あけ（フォト）	盤面	研磨むら、バリ、突起、汚れ、など
	露光	穴数、穴径、マスク疵、ずれ、汚れ、疵、など
	現像	レジスト残り、抜け不良、汚れ、疵、など
	キュア	樹脂の抜け、ずれ、汚れ、疵、など
粗面化処理、デスミア		スミアの有無、穴内異物、剥がれ、など
熱電解銅めっき		析出むら、変色、など
電解銅めっき		めっきボイド、クラック、めっきざら、ステップめっき、めっき剥がれ、密着性、など
ソルダーレジスト	盤面	研磨むら、バリ、突起、汚れ、など
	露光	マスク疵、ずれ、汚れ、疵、など
	現像	レジスト残り、抜け不良、汚れ、疵、など
	キュア	樹脂にじみ、レジスト残り、抜け不良、汚れ、疵、など
金めっき		めっき厚、めっきむら、ピンホール、密着性、汚れ、など
フラックス塗布、ソルダーコート		塗布むら、リフローむら、変色、など
外形加工		寸法、端面仕上がり、疵、基材剥がれ、パターン剥がれ、変色、など

5.2 プリント回路板の検査体系例

プリント回路板にて障害が起こると、電子機器にも影響し、失敗コストが増大します。したがってプリント配線板と同様に、プリント回路板の受入・工程検査は大変重要です。

ここではプリント基板実装における受入～工程～最終検査までの検査の体系を説明します。

5.2.1 受入検査

プリント回路板を構成する主な部材は、前節のプリント配線板やはんだペースト、電子部品などになります。いずれも、間違いを防ぐため型番・図番との確認が必要です。プリント配線板や部品は受入れ後の保管において、酸化に気を付けなければならず、温湿度にも注意が必要です。常温で保管できないはんだペーストは冷蔵庫での管理を行い、劣化を防ぐ目的から、先入れ先出しの仕組みが重要です。昨今ではその管理の自動化が行われていることもあります。またこれらの使用における有効期限は、その仕様やメーカーからの情報を確認しておく必要があります。これらの管理に問題があると、実装においてはんだのぬれ性や部品姿勢の問題、すなわちはんだ接合信頼性などに影響を及ぼします。

5.2.2 工程検査

プリント回路板においても、失敗コストの削減や品質の問題をリアルタイムに把握し処置するために、工程検査は重要です。現在では高密度化の進展により、プリント回路板に下面電極部品が多く搭載されるようになり、その工程保証をきっかけとして、はんだ印刷検査やマウント後検査（図5-1を参照）が数多く導入されていきました。

表5-2に検査項目例を記します。

工程検査は、工程内の廃棄や手直しのコストがその不良の発生量に比例して増加するのを防ぐことができます。プリント回路板のコストは製品によって大きく差があるので、特に不良品を廃棄しているケースでは、

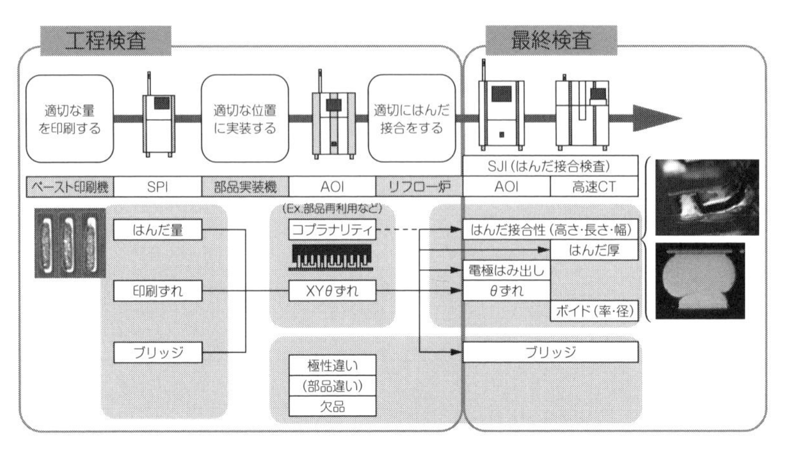

図 5-1　プリント回路板の検査体系（例）

表 5-2　検査項目（例）

工　程	検査項目（例）
ペースト印刷後	はんだ量（高さ、体積、面積、かすれ、はんだなし）、突起、位置ずれ、ブリッジ
マウント後	部品高さ、部品浮き、部品傾き、欠品、部品違い、極性違い、表裏反転、部品ずれ（X/Y/角度)、電極のサイドはみ出し、電極のエンドはみ出し、電極姿勢、電極有無、ランド露出、異物、ブリッジ、部品距離など
リフロー後	部品高さ、部品浮き、部品傾き、欠品、部品違い、極性違い、表裏反転、部品ずれ（X/Y/角度)、電極のサイドはみ出し、電極のエンドはみ出し、電極姿勢、電極有無、フィレット（フィレット高さ、フィレット長さ、エンド接続幅、接続ぬれ角度、サイド接続長さ)、ランド露出、異物、はんだボール、ブリッジ、部品距離、枕不良（Head in Pillow)、ボイドなど

この部分の判断も重要になると考えられます。

はんだ接合前に異常が発見されれば修正が容易です。しかし、はんだ接合後に見つかった工程不良を手直しする際に行われるはんだ付けは、過剰な熱を与えて修理することになり、部品不良やパターンの剥がれなどの品質不良を引き起こすことがあります。図 5-2 にチップ部品の剥離を示します。不適切な手直しによって最悪の場合クラックで内部短絡を起こして焼損などが発生することがあります。また手はんだ付け後の信頼性の評価試験は一般的に難しいため、品質の客観的な説明が難しいといった課題があります。このようなことから、やはり品質不良は根本からなくして、手直し品を極力出荷しない方向に持っていく必要があります。

実際にプリント回路板の実装ラインで、不良品を廃棄しているケースはどの程度あるのでしょうか。著者がアンケート調査したところではまだ10％程度と少数派で、多くの現場では修理を行っています。今後、一層製品の品質要求が上がり、品質不良の減少による廃棄コスト削減がさらに進んでいけば、この比率は変わってくると考えられます。

1）はんだペースト印刷検査とリフロー後の品質不良例

プリント回路板の実装工程では図 5-3 に示すようにスキージではん

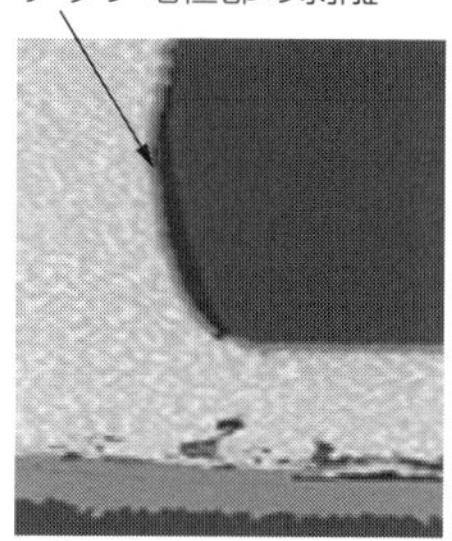

図 5-2　修理による品質不良の例

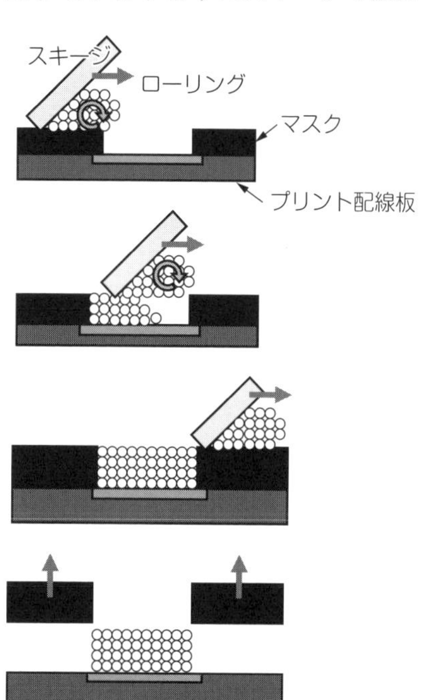

図 5-3　はんだペースト印刷

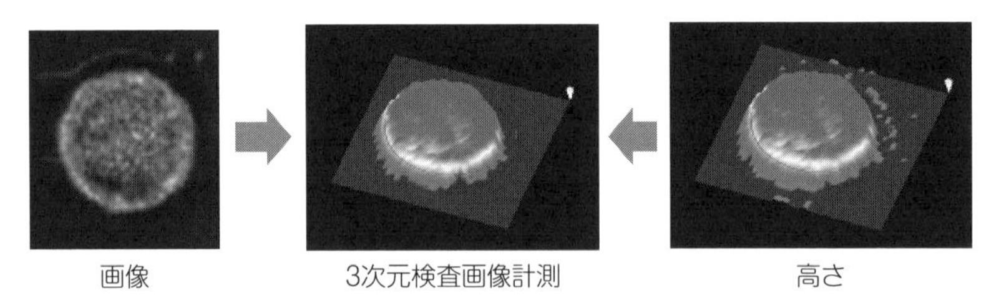

図 5-4　はんだペースト印刷の３次元検査技術

だペーストをローリングさせ印刷します。その印刷品質ははんだペースト印刷検査機で検査するのが一般化しています。国内にも高精度な３次元印刷検査機があり、図 5-4 に示したように画像と高さ計測により、はんだペーストの状態を認識することができます。

はんだ量の問題が生じると、はんだ接合強度の課題や部品電極の浮き、ブリッジやはんだボールなどの品質不良を引き起こします。また、印刷位置のずれがないかを確認することも重要です。印刷のずれもまた部品電極の浮きや、ブリッジ、はんだボールを引き起こします。

はんだ量のばらつきを防止することは、品質保証上重要です。しかし電子部品のサイズが様々な中で、はんだ量はメタルマスクなどの厚みである程度決まってしまうという課題があります。よってマスク厚は品質信頼性だけでなく、工程全体の検査性も含めて慎重に決めることが、コスト削減の上で重要です。はんだ量は、マスクの開口サイズで調整するのが一般的で、小さな部品は高アスペクト比印刷が課題となります。ほかにもはんだ量の増減への対応として、マスクの工夫やディスペンスなど様々な手段が検討されています。基板設計の段階で、同一基板内での部品サイズの差異をできるだけ少なくすることが可能であれば、品質不良の発生リスクを減らすことができます。図 5-5 にはんだペースト印刷の不良例を示します。特に小さい部品については、はんだ印刷不足が生じるとリフロー後に図 5-6(a)のようなフィレット不足などの不良を発生させます。また大きめの部品であっても印刷機の設定などの条件に問題があると、はんだをかきとってしまうことで図 5-6(b)のような不良となることがあります。またブリッジ、だれ、にじみはリフロー時にはんだがランドに戻らなかった場合、ブリッジ不良や図 5-6(c)のよう

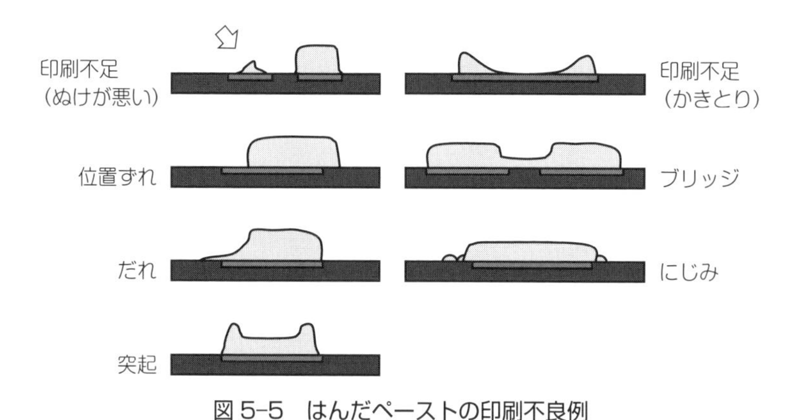

図 5-5　はんだペーストの印刷不良例

(a)　チップコンデンサ
フィレット不足

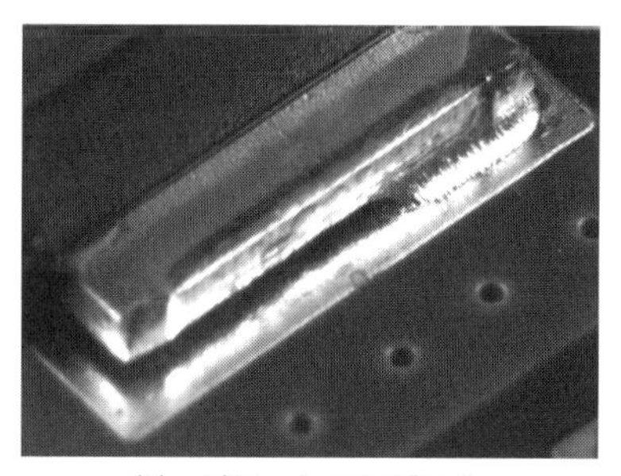

(b)　パワートランジスタ
フィレット不足

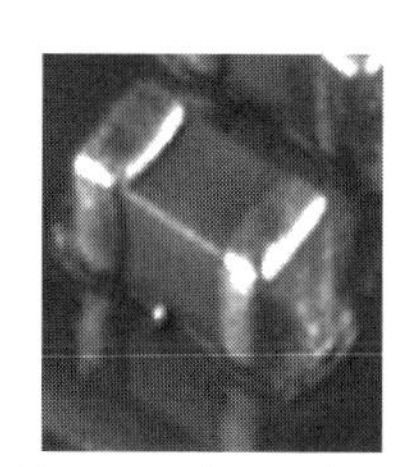

(c)　チップコンデンサ
はんだボール

(d)　チップコンデンサ
はんだボールとフィレット不足

図 5-6　はんだ印刷起因による品質不良例
((c)(d)はマウントや設計起因によるケースもあり)

なはんだボールを引き起こしたりします。はんだボールの発生が多いとそれに気をとられて、図 5-6(d)の奥にあるような不良を目視検査員が見逃すリスクも出てきます。はんだボールは絶縁信頼性・短絡防止の観点で、半導体の電極最小ピッチや部品の狭隣接距離などをもとに品質基準を決めます。ただし基本的には工程改善で予防すべき品質不良です。はんだボールの発生要因は、印刷以外にマウント時の部品の押し込みや設計起因によるものがあります。

2）マウント後検査とリフロー後の品質不良例

マウント後検査の最も重要な役割は、部品を適切な位置に搭載できているかを確認することです。マウント後の管理基準をどう判断するかというのは、大きな課題のひとつですが、基本的には以下の観点が重要になります。

① 自己補正（セルフアライメント）が効く範囲であること

② 隣接部品と接触などをしないこと

一般的には、リフロー後の電極のはみ出しの公的基準を参考に管理基準を決定しているケースが多いと考えられますが、自己補正（セルフアライメント）の能力は、電子部品によって変わってくるので、一律であまりに極端な管理基準とすると、工程内での検査直行率（検査時の良品判定率）の低下を招く可能性があります。

例えばBGAは、電極部分が、はんだペーストで覆われたランド領域部分と接していれば、溶融したはんだの表面張力により、プリント基板とパッケージのランドの距離を小さくする力が加わることから、パッケージは通常セルフアライメントされ、実装も安定化する傾向にあります。しかし、QFPは自己補正が効きにくいため、マウント後にずれたものはそのまま不良になりやすいという傾向があります。

電子部品の挙動を決める要素は、このような部品の種類や電極形状、マウント時のずれだけでなく、はんだ印刷位置やばらつき、溶融はんだの表面張力や溶融タイミング、はんだ接合部のランドサイズ、部品そのものの縦横の幅や質量、リフローの過熱時のばらつきや急過熱、部品のレイアウト、など挙げだしたら切りがないほど、様々なものがあります。例えばチップ部品などでは少し条件が変わると、図 5-7 に示したよう

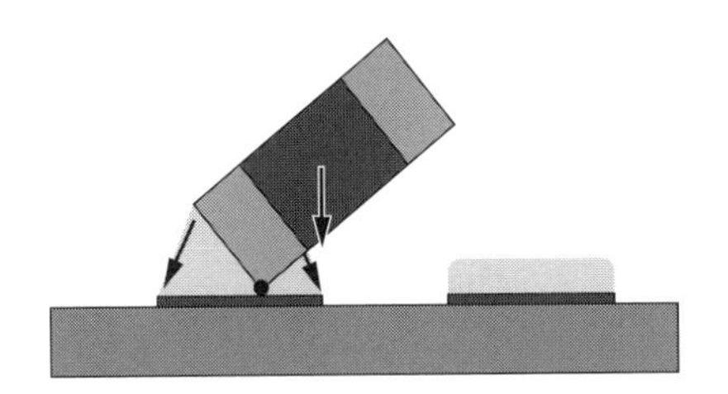

図 5-7　チップ部品のツームストーン

(a)　チップコンデンサ
ツームストーン

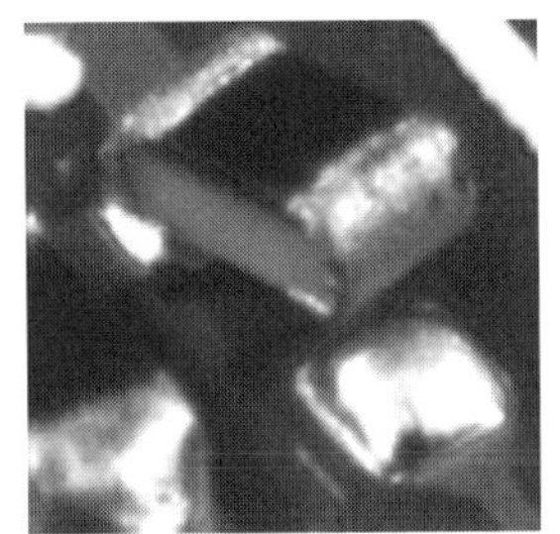

(b)　チップ抵抗
ツームストーン

(c)　チップコンデンサ
印刷起因のツームストーン

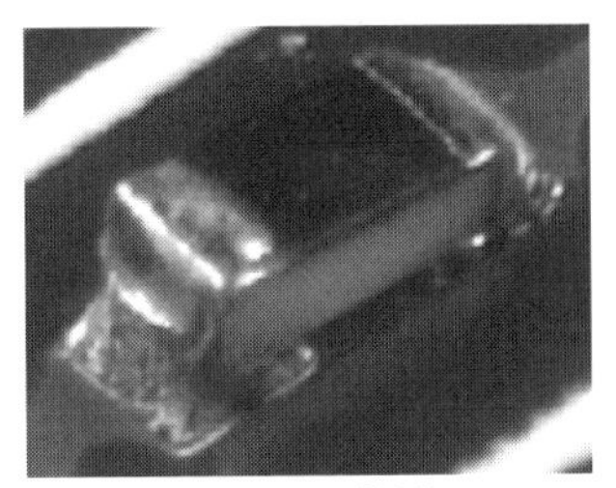

(d)　チップ抵抗
下付き浮き

(e)　チップコンデンサ
部品姿勢は正常、はんだ未接合

(f)　チップ抵抗が反転してから？
ツームストーン

図 5-8　ツームストーン及び類似する不良現象例

なツームストーンのような品質不良に繋がったりします。**図5-8**にツームストーンやそれに類似する不良現象を示します。似たような現象でもマウントに限らずはんだ印刷やリフロー時のはんだぬれに起因するものもあるのがわかります。よって改善を行うときは印刷品質、マウント後品質、リフロー後品質など工程全体の事実を見る必要があります。

一方で、様々なケースを逐一検討しながら、工程内の管理基準の最適解を決定することは困難です。そこで、昨今では設備間連携による予兆検知が研究されてきています。

検査工程の話に戻りますが、これ以外にも、チップマウンタと異形マウンタの間に検査機が導入されているケースがあります。これには万が

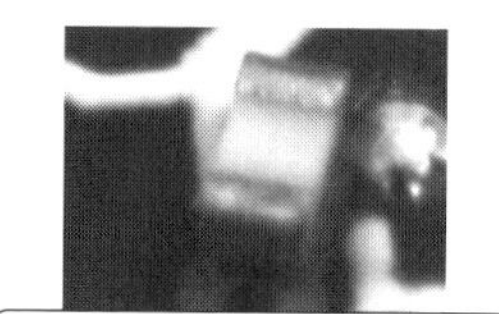

図5-9　チップ飛び不良の例

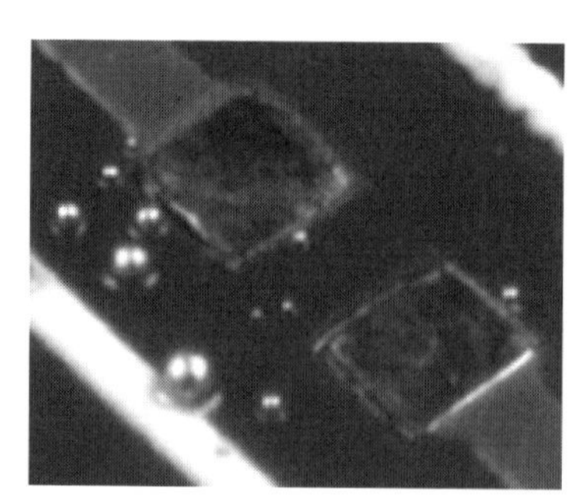

図5-10　欠品（印刷時の不良の例）

一チップが欠落し、半導体を搭載するはんだペースト印刷部分に飛んだ場合の不良品が検出できるなどというメリットがあります。

チップ部品の飛びは、そこの部位の欠品による機能不良も問題ですが、それ以上に飛んだチップがどこに行ったかの捜索が必要になることがあります。ほかの部品の接合部に付着していなかったら、それでよいのではなく、電子機器のどこかに入り込んでしまったら、出荷後に絶縁不良などを起こすことがあります。そのようなことで出荷前の電子機器すべてを分解して皆で探すという事態は避けたいものです。図5-9にチップ飛び不良の例を示します。ちなみにチップの欠品は図5-10に示すようにはんだの印刷不良や工程内の人為的ミスなどマウンタ以外の要因でも発生します。このようにリフロー後の品質不良だけ集計しても改善に結びつきにくいのがプリント回路板の実装の難しい点です。よって検査の体系化と工程全体の事実がわかる仕組化が重要となります。

ところで材料の間違いは、検査で保証すべきでしょうか。一般的に材料の間違いは、取り返しがつかないことが多いです。それを防ぐため、自動車の完成車両工程や食料品などでは、何らかのポカヨケがなされています。例えば、調理の現場で食材を間違えたら大変なことになります。プリント回路板においては部品の搭載間違いが発生したら、その修正ははんだ接合部への品質に影響します。加えて高密度化の影響から、部品に文字が印字されていることが少なくなってきたため、部品ごとに検査要否の整合をとる管理が難しくなっています。そして複雑な管理は、コストを挙げたりミスを誘発するといった課題もあります。一方、製造設備側で部品の掛け間違い防止のシステムが普及したことで、その部分の品質は工程で確実に保証する考え方が一般化してきています。

5.2.3　最終検査

受入検査と、その実装ラインで必要な工程検査を経て、前章で説明した最終検査（完成品検査）を行います。

6 信頼性と工程管理 ―予防活動による失敗コスト削減

ここまでは、品質不良への対応によって生じる失敗コストを、検査によって如何に削減するかを記してきました。本来は品質不良の流出防止と並行して、品質不良の未然防止を考えなければなりません。またその未然防止のための活動そのものも、効率的に行う必要があります。本章では予防活動に有効と考えられる各種の特性や変動要因、そしてそれらを効率化させるための管理・みえる化の仕組化について概説します。

6.1 プリント配線板の必要特性

プリント配線板に求められる特性として、電気特性、機械的・物理的特性、化学的特性があります。

電気特性においては、表 6-1 に示したように、基本的に導体配線の

表 6-1　プリント配線板に必要な電気特性

1. 微細パターンでの直流抵抗の低減
   配線幅が小さく、厚さの大きい導体
2. 表皮効果への対応　Skin depth：$\delta=\sqrt{2/\sigma\omega\mu}$
   平滑な導体に実現
   表皮効果を考えた時の導体損　$\alpha_R=4.34\times\dfrac{\beta\sqrt{\omega}}{1-e^{-\beta\sqrt{\omega}}}\times\dfrac{R_{DC}}{Z_0}$
3. 微細間隙での絶縁抵抗の増大
   材料依存性が大きい
4. 特性インピーダンス（Z_0）の整合　$Z_0=\sqrt{\dfrac{R+j\omega L}{G+j\omega C}}$　(Ω/m)
   導体の配置の精度
5. 信号伝播速度（v）の高速化　$v=K\cdot C1/\sqrt{\varepsilon_r}$（n sec/m)
   低誘電率材料
6. 誘電体損失の減少　$\alpha_D=k\cdot f\cdot\sqrt{\varepsilon_r}\cdot\tan\delta$
   低損失材料
7. 反射係数（G）　$\Gamma=(Z_r-Z_o)/(Z_r+Z_o)$
8. その他
   ・インダクタンスの減少・EMI 対策　など
   短距離配線、平行配線の短縮、等長配線など配線法の工夫

導体抵抗、絶縁基板の配線間の絶縁抵抗が重要です。さらに処理する信号はパルス信号で、信号を伝送する回路の特性インピーダンスの整合、高速信号に対応する低誘電率・耐誘電損失材との組合せが重視されています。これらの特性を実現するために、プリント配線板の配線構造を図6-1のような構成とすることが求められ、その精度は徐々に厳しくなっています。

コストとの関係で注意が必要なのは以下になります。

●微細配線での導体抵抗の確保として、幅が狭い場合、銅の厚みを増やすことが考えられますが、その場合めっき加工が難しくなります。また、基板への密着性を確保する際に注意が必要となります。

●パターン間隙が狭くなりますので、絶縁性の確保がより難しくなります。

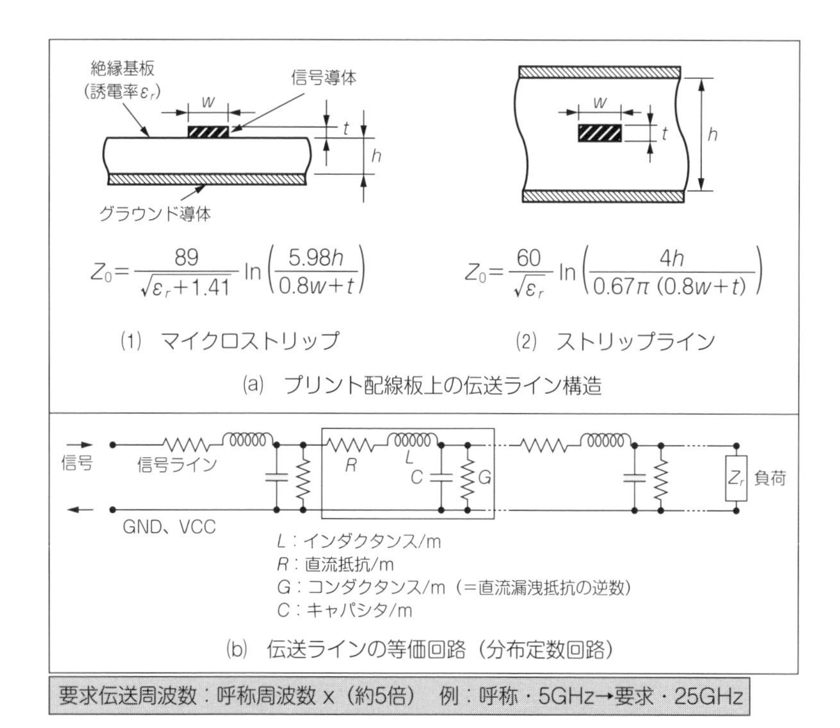

図6-1　高周波における伝送ラインの等価回路と実際のパターン

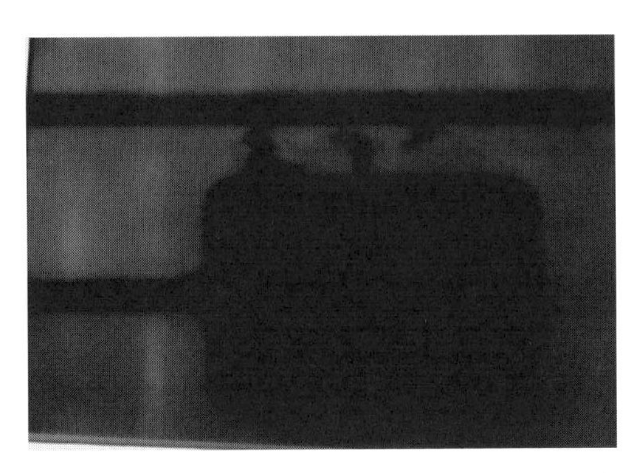

図 6-2　パターン間のマイグレーション（内層）

●特性インピーダンスの精度要求が厳しくなり、絶縁材料の選択、導体幅や信号-グラウンド間の間隙の精度を出すことが難しくなります。

機械的・物理的特性としては、プリント配線板には部品の搭載・接続を行いますので、部品重量に耐える強度が求められます。またはんだ付けの温度に耐える耐熱性が必要です。加えて、はんだ付け性、反り・ねじれの程度、厚さ精度などを考えなければなりません。

化学的特性の観点としては、プリント配線板の製造過程では化学的処理が多くあり、これらの処理薬品で損なわれない耐久性を持つことは不可欠です。完成したプリント配線板は加湿環境で、絶縁劣化により配線の短絡を起こすことがあります。これは、絶縁材料の組成と、処理工程における汚染が主な原因ですが、加湿環境下でエレクトロケミカルマイグレーションによると考えられます。

図 6-2 にマイグレーションの例を示します。

機器の種類により、耐燃性が求められることもあります。この場合には、外部の認証材料を用いることが必要になりますが、適用の有無を十分に検討しなければなりません。

6.2　プリント配線板の材料

めっきスルーホール法ではリジッド板は銅張積層板として使用します。

表 6-2　銅張積層板の特性の例

	樹脂系	難燃性	ガラス転移点 ℃	はんだ耐熱性	熱膨張係数（Z方向）		吸水率 %	曲げ弾性率 N/mm²	誘電率
					α_1：ppm/℃	α_2：ppm/℃			1 MHz/1 GHz
汎用エポキシ樹脂 FR-4	エポキシ樹脂系 FR-4	94V-0	TMA：120～140	＞120 sec（260℃）	50～70	200～300	PCT 4 hrs 1.00～1.10 E-24/50+D-25/23：0.06	470～500	C-96/20/65：4.5～5.2/4.2～4.8
耐熱エポキシ樹脂 FR-4	高 Tg エポキシ樹脂　FR-4（FR-5 相当）	94V-0	TMA：170～185	＞120 sec（260℃）	50～60（20～30）		PCT 5 hrs 0.55～0.65 E-24/50+D-25/23：0.06	～490	C-96/20/65：4.6～4.8/4.2～4.6
高 Tg 低誘電率エポキシ樹脂 FR-4	高 Tg 低誘電率エポキシ樹脂 FR-4	94V-0	TMA：165～190	異常なし（PCT 4 hr＋20 s 260℃）	50～15		PCT 4 hrs 0.4～0.5 E-24/50+D-25/23：0.05		3.6～4.0/3.7～3.8
ハロゲンフリーエポキシ樹脂 FR-4	ハロゲンフリーエポキシ樹脂積層板	94V-0	TMA：130～150	異常なし（D-2/100+S-20 s/260）	①40～50	①215	E-24/50+D-25/23：0.06～0.16	～470	C-96/20/65：4.7～5.2/-
ハロゲンフリー耐熱エポキシ樹脂系積層板	ハロゲンフリー耐熱エポキシ樹脂積層板	94V-0	TMA：170～220	異常なし（D-2/100+S-20 s/260℃）	16～30	85～120	E-24/50+D-25/23：0.16	～470	C-96/20/65：4.7～5.3/-
ポリイミド	ポリイミド系積層板	94V-1	TMA：約 230～180	＞120 sec（260℃）			E-24/50+D-25/23：0.14～0.8	490～540	C-96/20/65：3.5～4.4/-
BT 樹脂	BT 樹脂系積層板		DMA：215	異常なし（D-4/100+S-20 s/260℃）	50				3.2～5.2/-
A-PPE	A-PPE 系熱硬化性樹脂積層板	94V-0	TMA：150～185	＞120（260℃）			E-24/50+D-24/23：0.17～0.21 PCT-2/121：0.18～0.23	250～420	C-96/20/65：3.6～3.8/～3.4

これは導体材料と絶縁材料で構成されています。銅張積層板の特性の主要なものを表6–2に示しました。

ビルドアップ法用の絶縁材料は、硬化を中途で止めたフィルム状のものを用いています。多くはエポキシ樹脂を中心とした樹脂材ですが、必要に応じほかの樹脂材料も用います。

6.2.1　導体材料

導電性のよい材料として、銀、銅がありますが、物性、製造性、コストなどの面よりほとんどの導体材料として銅を使っています。銅張積層板の多くは電解銅箔が用いられています。銅箔は片面は平滑で、反対面は粗面化しています。粗面化するのは樹脂との密着性を大きくするためですが、電気特性向上のため粗度を小さくする方向にあります。銅箔は密着性向上のために、銅箔上にZn、Ni、そのほかの金属のコーティングを行い、さらに防錆処理などを施します。

銅箔の厚さは1 ft^2 の重さが1 ozの時の厚さがほぼ35 μmで、これを標準として、1～5 oz銅箔、あるいは、1/2、1/3 oz銅箔と呼称しています。極薄銅箔は3～1 μm厚があります。

6.2.2　リジッド用絶縁樹脂と基材

プリント配線板に用いられる板は、樹脂と基材が層状に積層した積層板です。基材は主として紙とガラス布があり、特性に応じ組み合わされます。紙基材はほとんどがフェノール樹脂と組み合わせ紙基材フェノール樹脂積層板とし、低価格品に用いられます。このほかには多くの場合、ガラス布基材が用いられます。

樹脂はエポキシ樹脂が多く、ガラス布基材エポキシ樹脂銅張積層板としています。エポキシ樹脂には汎用積層板、耐熱性材熱硬化性積層板、低誘電率材積層板など多くの特性を持つものがあります。ガラス布基材においても、表6–3のような電気材料としての特性を持つものが使われています。

このほかに、耐熱性を持つイミド樹脂、BT樹脂、低誘電率のアリル化フェニレン樹脂などと組み合わされたガラス布で積層板が作られてい

表6-3　低誘電特性ガラスクロスの例と特性

高周波誘電特性：誘電率、誘電正接 tan δ

			E-Glass	Low-Dk Glass
誘電率 Dk	1 GHz	Cavity resonator	4.1	3.5
	3 GHz		4.1	3.5
	10 GHz		3.9	3.3
tan δ Df	1 GHz	Cavity resonator	0.0116	0.0107
	3 GHz		0.0122	0.0108
	10 GHz		0.0138	0.0118

【試験条件】
ガラス布の種類：IPC1280 type
厚　さ：0.070 mm/シート
樹　脂：Low Dk type epoxy resin

表6-4　ビルドアッププリント配線板用熱硬化性樹脂

樹　脂	形　状	ガラス転移点（℃）	はんだ耐熱性（260℃、秒）	熱膨張係数		吸水率 D-24/23（%）	誘電率（1 M/1 GHz）	誘電正接（1 M/GHz）
				a_1（ppm/℃）	a_2（ppm/℃）			
エポキシ系	非感光性液状	DMA：125～130		70～80	145～160		3.9/3.5	0.034/0.022
耐熱性エポキシ系	非感光性フィルム	TMA：165～185	>60	95	150	1.3	3.8/3.4	0.027/0.022
ハロゲンフリーエポキシ系	非感光性フィルム	TMA：155～165	>60	45～75	120～135	1.8（D-1/100）	3.8/3.4	0.017/0.023
耐熱・低誘電ハロゲンフリーエポキシ系	非感光性フィルム	TMA：150	>60	75	150	0.8	-/2.8	-/0.014

ます。

また、リジッドプリント配線板用として、電気特性のよい熱可塑性樹脂である、4フッ化エチレン、液晶ポリマーなどの積層板があります。

ビルドアッププリント配線板用を表6-4に示します。

6.2.3 フレキシブル用絶縁樹脂

フレキシブルプリント配線板はフィルム状の材料を用います。樹脂として、ポリイミド、ポリエステルなどが使われています。最近では電気特性の点で液晶ポリマーが注目されています。

6.3 プリント配線板製造における変動要因

プリント配線板の完成品は比較的単純な材料構成ですが、製作に関係する材料、工程は多く、それぞれについての使用材料、作業条件、管理範囲などが十分に管理されていない場合に不具合の発生する可能性が高くなります。これらの変動要因の概要を記述します。

6.3.1 積層板材料

プリント配線板は有機樹脂を主とし、銅箔、ガラス布、フィラー粉などを用いた積層板として作られています。樹脂は重合度に変動があり、また、結晶部分と非晶質部分とにより構成され、結晶体に較べ変動の多い材料です。

銅箔の多くは電解銅箔で十分な管理はされていますが、物性や厚さなどの変動が考えられます。接着力を大きくするために、粗面化処理に加え、ニッケル、亜鉛などめっき、防錆材としてのクロメート処理などを行っており、これらの変動も可能性があります。

ガラス布はガラス繊維の束を平織したものです。ガラス繊維と樹脂の密着性を向上させるために、繊維束の開繊処理、カップリング剤のコーティングを行っています。これらの処理剤や処理過程の変動が考えられます。さらに樹脂の含浸、乾燥を行います。

積層板にするためには、銅箔、樹脂を含浸したガラス布を、仕様に従い組み合わせ、加熱プレスで加圧、加熱して作成します。この時の温度、圧力の変動、熱板の平行度などの変動があります。

この積層板は専門メーカーで作られ、輸送、保管して使用します。この間の輸送条件、保管条件なども注意が必要です。

6.3.2　プリント配線板の製造

プリント配線板の製造工程では表面の処理が多く、工程の始めに表面を十分に正常なものとすることが重要です。製造工程を進めるにあたり、処理液やその作業条件の変動は極力抑えることが大切です。

内層、外層のパターン作成では、前処理の管理、レジストの選択、適用条件、現像液の管理、エッチング液の管理、エッチング条件の管理、塵埃など外部よりの汚染の管理などが重要で、その変動により不良発生の可能性が高くなります。

積層では熱プレスで、加熱加圧して積層するので、均一な積層を行うためには、熱板の温度設定、分布、圧力の分布、熱板の平行度などの管理、積層型の精度、プリプレグの厚さ、樹脂量、流れなどに注意が必要です。

穴あけは内外導体パターンの接続を行うための前段です。内面が平滑で、樹脂スミアがなく、めっきに適合した穴が必要で、汚れや凹凸などの不具合はめっきの不連続などの原因となります。機械的ドリルではドリル形状の最適化と使用中の摩耗などの変化の管理、レーザでは波長選択、ビーム形状、強度などの管理が必要です。

めっきはプリント配線板として、非常に重要なプロセスです。製品の内容によりプロセスの選択、無電解銅めっきの長い工程における多くの処理液の条件の管理が非常に重要です。管理に不具合があると内外層接続不良が発生します。

電解銅めっきではめっき液の組成、液温などの管理、定期的な再生処理などが疎かになると、物性が悪くなり、クラックの発生、密着性不良など致命的な不具合となることが発生します。

ここまでで、内外層のパターンとその間の接続について述べました。製造工程としてはこの後、パターンの保護とはんだ付けの部分の確定のためにソルダーレジストを形成します。ソルダーレジストには液状とフィルム状のもの、熱硬化性や感光性のものがあります。その選択は後のはんだ付け、導体保護との関係を考慮して選択します。

この後、最後の仕上げとしての基準穴の加工、外形加工では、次工程での作業と関連し精度が十分であることが必要です。

最後に洗浄を行い、検査をして出荷となります。

6.4 はんだ接合の信頼性と変動要因

はんだ接合信頼性においては、図6-3に示したような応力を考えた設計が必要になります。基本的には応力が掛からない構造にできるのが理想的ですが、様々な要因が重なることで疲労破壊が起こります。

はんだ接合信頼性に関わる代表的な要因を列挙します。

●部品
　部品電極の形状、寸法精度、表面処理

●プリント配線板のパターン設計
　フットプリント（ランド）の形状、位置寸法精度、形状の精度

●プリント配線板
　フットプリント（ランド）の表面処理

●はんだペースト
　ペーストの種類、組成とその精度、印刷精度、ペーストの量の変動

●部品マウント
　マウント位置

●リフローはんだ付け
　温度プロファイル、酸素濃度

部品電極の形状やランド設計は、はんだ接合信頼性とともに、目視を含む外観検査にも影響が指摘されてきた因子です。

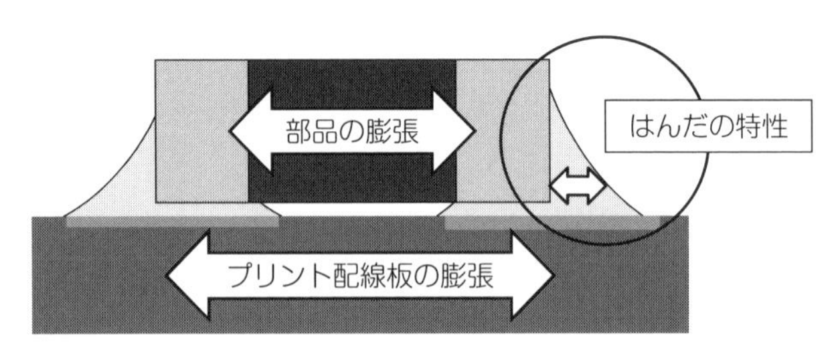

図6-3　はんだ接合と応力

各種の寸法の精度は、特に高密度化によりフィレットを小さくする場合は、公差の影響を十分に考える必要があります。部品電極において、リード電極などでは、端子のコプラナリティ（平坦度）が重要となります。部品の設計や端子加工の工程によって、ばらつきが生じやすい場合があり注意が必要です。

部品電極やフットプリントは、表面処理によってはんだのぬれ性が変わってきます。

部品やプリント配線板の設計が決まった後は、はんだペーストの選定が重要となります。はんだペーストも様々なものがあります。

一部の高信頼性製品には現在でも使われていますが、過去には多くの電子機器に共晶はんだが使われていました。組成はSn（スズ）とPb（鉛）です。このはんだは融点が183℃と低く、電子部品の接続に適していました。その後、鉛は人体への影響があるため2006年のRoHS指令後からは鉛フリーはんだが一般化され、現在国内ではSn(スズ)-Ag(銀)-Cu(銅）が多く使われ、Sn-Ag3.0-Cu0.5が最も多く使われています。このはんだの融点は220℃近くあり高温です。リフローの温度プロファイルは、実装する部品やはんだの種類によって決められます。山形、台形（ハット形)、リニア形など部品の耐熱性やフラックスの活性、リフロー炉の性能やゾーン数などによって様々な設定の考え方があります。

はんだはどのようなものを選択するか、はんだ接合信頼性の評価の観点は様々です。代表的な評価方法にはクラック率やシア強度（引張）試験があります。鉛フリーはんだは、故障現象からクラック率の評価が難しい傾向があり、シア強度試験の結果を参考にすることが多くなっています。試験結果においては、平均的な比較だけでなく、どの程度のばらつきがあったかを見ておくことも重要となります。鉛フリーはんだには、Bi（ビスマス)、Sb（アンチモン)、In（インジウム）を入れたり、Agの量を削減するなどの研究もされています。はんだと部品のどちらも疲労破壊しないよう考える必要があり、合金中の結晶方位（EBSD）の評価などもされています。また、昨今はんだの特性だけでなく、部品や基板においてもクラックを抑止する対策がされてきました。それらに掛けるコストを万が一の時の失敗コスト含めて考えるのが、コスト削減上重要となります。

動作保証の観点では、例えば自動車の場合は冷熱サイクルを3000サイクル程度として－40～125℃を条件とすることがよくありますが、製品に求められる品質によって試験条件は変わってきます。加えて信頼性向上による失敗コスト削減だけでなく、検査性も含めて評価することで、更なるコスト削減を検討するケースも多々あります。

はんだペーストの印刷精度や量、そして部品のマウント位置などは、品質における予防活動の効率化、すなわち予防コストを抑止・削減しながら失敗コストを削減する必要があります。そのためには統計的な工程管理が一般化しています。

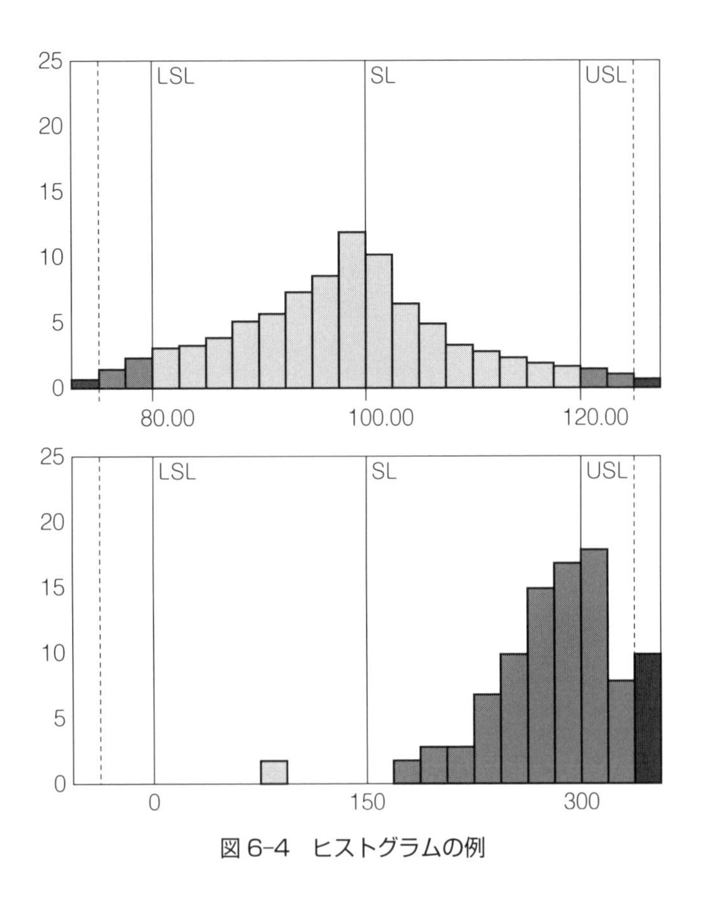

図6-4　ヒストグラムの例

はんだ量や部品のマウント位置、そして最終のはんだ接合後の出来栄えを見る上では、昔からヒストグラムがよく使われます。ヒストグラムは図6-4のように横軸に階級、縦軸に度数をとって度数分布を表した図です。リフロー後の最終調整であれば、はんだフィレットのばらつきがどの程度あるか、複数のヒストグラムを見るだけでも比較分析ができます。

具体的には、品質や検査にてばらつきの生じる部品の特定やランド設計を視覚的に一目で判断することも可能であるため、改善ツールとして活用されてきています。

また、はんだペースト印刷などの工程の品質を見るにも効果があります。例えば、印刷のスキージ方向とメタルマスクの開口形状の関係は、印刷転写率に影響を及ぼします。例えば、マスク開口の端面垂直方向面にはんだが溜まり、盛り上がる形状になることで縦方向と横方向の印刷にもはんだ量の差が大きく発生するなど、その工程の現象が見えるようになります。

変動管理に活用されている代表的なものとしては、シューハートが創案した図6-5に示すような管理図があります。平均やばらつきを判断

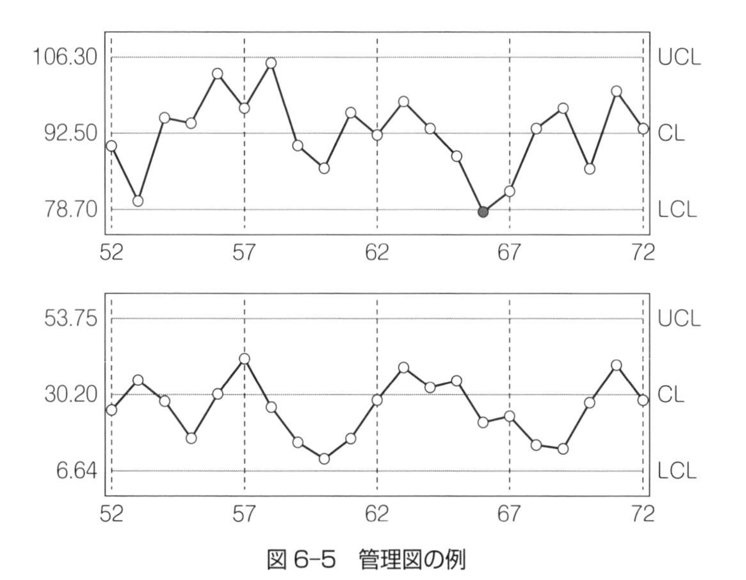

図6-5　管理図の例

両側規格　$Cp=\dfrac{USL-LSL}{6\sigma}$

上限規格　$Cp=\dfrac{USL-\mu}{3\sigma}$

下側規格　$Cp=\dfrac{\mu-LSL}{3\sigma}$

平均を考慮　$Cpk=min\left(\dfrac{USL-\mu}{3\sigma}、\dfrac{\mu-LSL}{3\sigma}\right)$

図 6-6　C_p・C_{pk} の公式

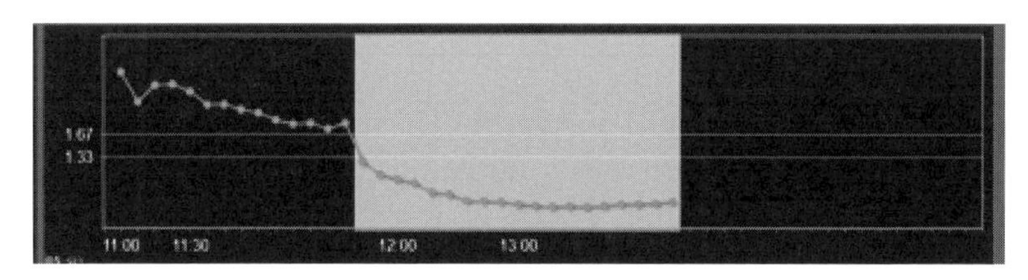

図 6-7　C_p・C_{pk} の推移グラフの例

して工程を管理します。

それ以外には工程能力指数（C_P・C_{PK}）による管理がよく活用されています。C_p とは、工程のばらつきである 6σ と規格幅を比較したものです。C_{pk} の“k”は、かたよりで規格の中心値からどれだけずれているかです。図 6-6 に公式を、図 6-7 に推移グラフの例を記します。

なお、この C_P・C_{PK} の計測値は規格値（上限・下限）を変更すると変化するので規格値に根拠が必要です。

ほかにも、変動管理には定量的数値のほかに、工程をみえる化することも行われています。品質不良を発生させている工程を特定するのは、正しい改善を行うための第一歩として大変大事なことです。類似した不良品でも問題を生じさせている工程がわからないと、やらなくてよい対策をしてしまったり、さらにはそのせいで二次的な不具合を生じさせ、新たな失敗コストが発生したりする可能性があります。図 6-8 の①は、マウント工程で部品がずれていて、②は、はんだペースト印刷がずれています。このような、問題の工程が違っていても似たような不良が発生するといったことが量産内で実証され、熟練した改善技術者によって適切な対策がされていきました。

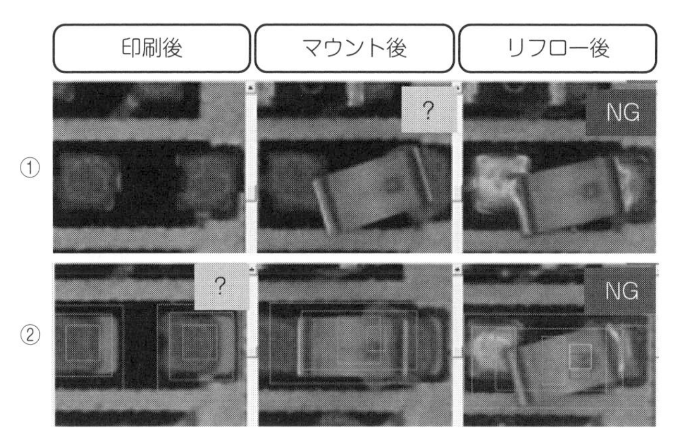

図6-8　工程照合

このような変動管理を効果的に行うには、完成品（プリント回路板の場合はリフロー後）の品質不良から原因を目付することが重要です。そのための基本的なツールの代表例としてはパレート図があります。パレート図は重要な改善ポイントを見つけるために、項目別に分け、大きい順に並べた図です。例えば品質分析システムなどに搭載され、不良判定品が発生する回路記号を表示し、累積和を折れ線グラフで併記したりします。

特に品質不良が多かった時には、実際の不良と誤判定を左右に分けて表示することで、品質改善と同時に検査プログラミングの調整効率を上げる、などの取組みもされてきています。

図6-9にその例を示します。

パレート図を活用することにより、どの項目が最も重要か、またどの項目が全体のどの程度の割合を占めているか、そしてどの項目とどの項目を減らすことができればどれほどの効果が期待できるか、あるいは効果をもたらすのかなどがわかります。シンプルでありながら、これを改善の入り口として対応することで多くの問題解決を効率的に対応することができます。例えばリフロー後の品質であれば、品質不良が生じやすい部品品番や回路番号の特定、品質不良の要因（はんだ不良、ブリッジ）の特定などが考えられます。

表6-5に、工程管理項目例を一覧します。

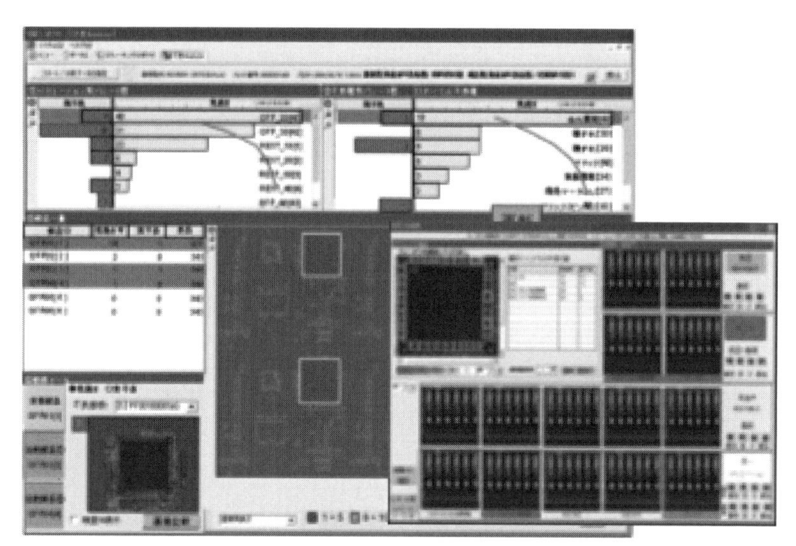

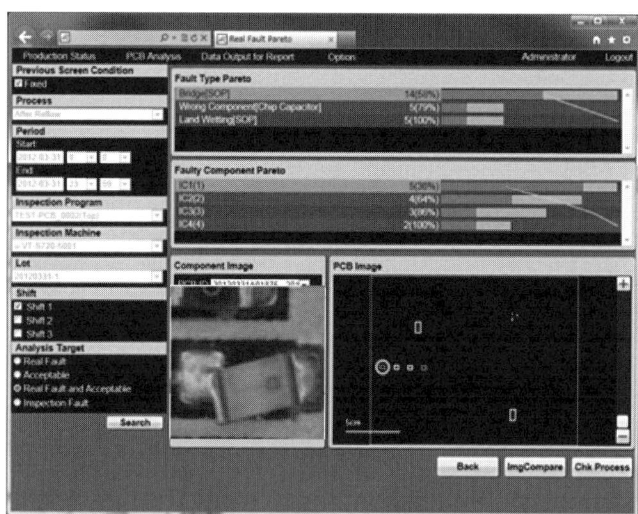

図 6-9　パレート図と工程画像の例

表 6-5　工程管理項目例

プロセス	設備（例）	管理項目（例）
クリームはんだ印刷	クリームはんだ印刷機	ペーストの型番、粘度、マスクのクリーニング、頻度、位置合わせ、スキージの摩耗、汚れ、印刷時の圧力、角度、スピード
ペースト印刷検査	自動光学外観検査機	はんだ量（高さ、体積、面積、かすれ、はんだなし）、突起、位置ずれ、ブリッジ
マウンタ	マウンタ	部品誤実装の防止、部品の搭載位置、部品に対する適正なノズルの選定、ノズルの摩耗、変形、空気圧、移動や回転速度など
マウント検査	自動光学外観検査機	部品高さ、部品浮き、部品傾き、欠品、部品違い、極性違い、表裏反転、部品ずれ（X/Y/角度）、電極のサイドはみ出し、電極のエンドはみ出し、電極姿勢、電極有無、ランド露出、異物、ブリッジ、部品距離など
リフロー	リフロー炉	温度プロファイル、酸素濃度
はんだ接合検査	自動光学外観検査機、高速 X 線 CT 検査機等	部品高さ、部品浮き、部品傾き、欠品、部品違い、極性違い、表裏反転、部品ずれ（X/Y/角度）、電極のサイドはみ出し、電極のエンドはみ出し、電極姿勢、電極有無、フィレット（フィレット高さ、フィレット長さ、エンド接続幅、接続ぬれ角度、サイド接続長さ）、ランド露出、異物、はんだボール、ブリッジ、部品距離、枕不良（Head in Pillow）、ボイドなど ※目視検査員の再検査に適切な工程時間（検査直行率と関係）

6.5　プリント回路板における工程設計上の注意点

品質の組織目標には、一般的にクレーム件数、着荷不良、工程不良率などがあります。これは組織目標として非常に重要ですが、下位目標として検査設備に携わる検査プログラミング員と目視検査員が協力関係となる品質目標も非常に重要となります。例えば、検査の直行率及びそのばらつきの目標を明確にすることは、検査効率の向上だけでなく目視検査員の作業環境を安定化するため、品質のアウトプットによい影響を与

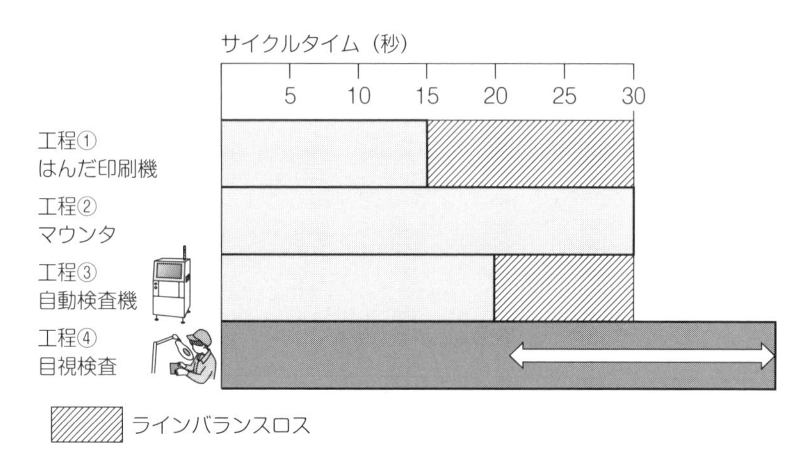

図 6-10　各工程時間と目視検査のリスク例

えます。日頃から、図 6-10 の工程④目視検査に示したような、工程時間の変動によりラインバランスが崩れるようなことが起きないようにしておくことは非常に重要です。

目視検査員の人員数が固定されている前提において、直行率が、ある機種は非常に高い、ある機種は非常に低い、というのは目視検査員の過剰な負荷と手待ちの両方が発生し、作業環境が不安定となり、問題発生の潜在リスクを抱え続けることになります。

どの程度に直行率を保つかは様々な考え方がありますが、それを検討する上での参考として、検査直行率に対する部品の不良判定数や不良判定率を示します。図 6-11 は、縦軸が検査直行率で横軸が不良判定数を表しています。例えば、1 基板あたりの部品点数が平均して 1 点発生している場合の、最高直行率は確率計算上で 37 % 程度になります。これは基板 1 枚あたりの部品点数が、100 点でも 1000 点でも 10000 点でもおおよそ同じです。不良発生箇所に偏りがある場合は、この通りにはならずに最低直行率はゼロになります。

図 6-12 は縦軸が検査直行率で横軸が不良判定率です。検査直行率と不良判定率で目標を立てている場合は、同じ不良判定率でも 1 基板あたりの部品点数で検査直行率が大きく変わるので注意が必要です。

そして最後に、目視作業は長時間連続して行うと疲労や集中力が品質

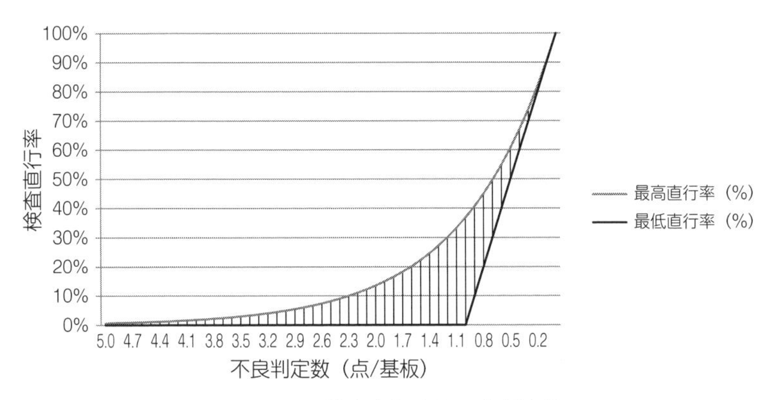

図 6-11　検査直行率と不良判定数

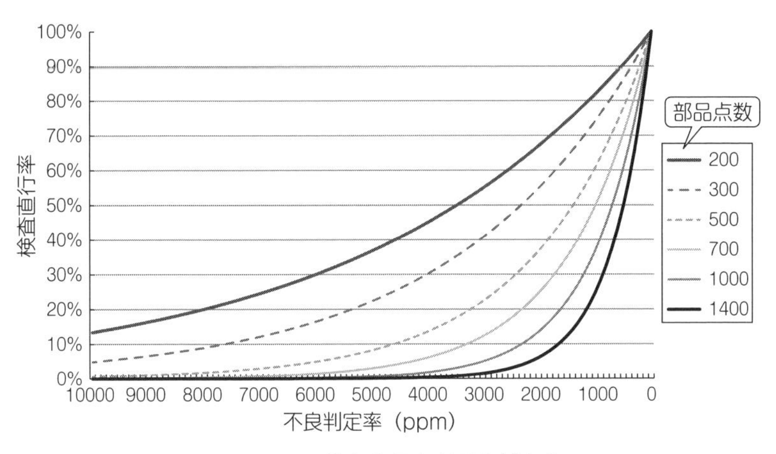

図 6-12　検査直行率と不良判定率

に影響するため、一定時間経過したら交代したり休憩を入れるなどの配慮が必要です。

6.6　プリント回路板における品質保証カバレッジ

表 6-6 に示すような品質保証のカバレッジは検査の直行率に大きく影響します。実装技術者や検査技術者、そしてその前提となる基板設計

表 6-6　品質保証カバレッジリストの例

Process \ NG	Placement					SJI-AOI					SJI-AXI					ICT					FUNCTION					Total
	Solder-Joint	Bridge	Missing	Polarity	Wrong Component	Solder-Joint	Bridge	Missing	Polarity	Wrong Component	Solder-Joint	Bridge	Missing	Polarity	Wrong Component	Solder-Joint	Bridge	Missing	Polarity	Wrong Component	Solder-Joint	Bridge	Missing	Polarity	Wrong Component	
IC5					✓		✓	✓	✓			✓	✓	✓			✓					✓				
IC2					✓		✓	✓	✓			✓	✓	✓			✓					✓				
C29				−	✓	✓	✓	✓	−		✓	✓	✓	−					−			✓				✓
C7					✓	✓	✓	✓	✓		✓	✓	✓	✓		✓	✓	✓	✓	✓		✓				✓
C8					✓	✓	✓	✓	✓		✓	✓	✓	✓		✓	✓	✓	✓	✓		✓				✓
D1					✓	✓	✓	✓	✓		✓	✓	✓	✓		✓	✓	✓	✓	✓	✓		✓	✓		✓
IC3					✓	✓	✓	✓			✓	✓	✓				✓				✓		✓	✓		✓
IC11					✓	✓	✓	✓			✓	✓	✓				✓				✓		✓	✓		✓
L5					✓	✓	✓	✓	✓		✓	✓	✓	✓		✓	✓	✓		✓	✓		✓			✓
CN8					✓			✓		−			✓		−					−	✓	✓	✓	✓	✓	✓
R110				−	✓	✓	✓	✓	−		✓	✓	✓	−		✓	✓	✓	−	✓		✓				✓
R133				−	✓	✓	✓	✓	−		✓	✓	✓	−		✓	✓	✓	−	✓	✓	✓	✓	−		✓
R127				−	✓	✓	✓	✓	−		✓	✓	✓	−		✓	✓	✓	−	✓		✓				✓
R130				−	✓	✓	✓	✓	−		✓	✓	✓	−		✓	✓	✓	−	✓		✓				✓
R137				−	✓	✓	✓	✓	−		✓	✓	✓	−		✓	✓	✓	−	✓		✓				✓
R138				−	✓	✓	✓	✓	−		✓	✓	✓	−		✓	✓	✓	−	✓		✓				✓
C50				−	✓	✓	✓	✓	−		✓	✓	✓	−		✓	✓	✓	−	✓				−		✓
C51				−	✓	✓	✓	✓	−		✓	✓	✓	−		✓	✓	✓	−	✓				−		✓
C63				−	✓	✓	✓	✓	−		✓	✓	✓	−		✓	✓	✓	−	✓		✓		−		✓
C69				−	✓	✓	✓	✓	−		✓	✓	✓	−		✓	✓	✓	−	✓		✓		−		✓
C70				−	✓	✓	✓	✓	−		✓	✓	✓	−		✓	✓	✓	−	✓		✓		−		✓

者や工程設計者が連携して最適解を出している現場は、あらゆる工程で高い良品率（直行率）を出しています。

また一般的なセオリーとして、予防コストに投資すると品質不良は減るはずです。つまり、品質改善員を増やして適切な改善（品質保証体系含む）を行うと品質不良が減るため、自動検査機の判定率が上がり目視検査員は減ると考えられます。実際に現場はそのような傾向にあるのでしょうか。図 6-13 は、インライン型の光学外観検査機（メーカーは様々）を導入している国内のデジタル家電の現場の調査結果（電子機器関連企業に対するアンケート結果から直近の 2018-2019 年分を集計）ですが、およそセオリー通りでした。これは大変興味深い結果です。しかし、両方に人手を掛けている現場は見受けられず、デジタル家電のコストの厳しさを感じます。

デジタル家電の現場の特徴として、特に目視検査員が少ないケースにおいては、基板片面に 1000 点近い電子部品が搭載されているプリント回路板であっても、非常に高い検査直行率を安定的に保っているケースもあります。

そのような製造ラインでは最終工程での作業者は、目視検査だけではなく多能工化されていることもあります。例えば 1 サイクル中に目視確認、インサーキットチェック、基板の裁断、ラベル貼り付けをこなして

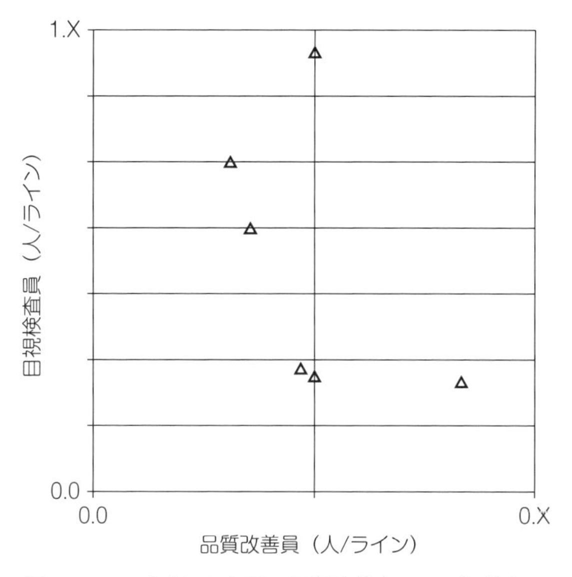

図6-13　デジタル家電の品質改善人員と目視検査員

いるケースも見られます。ただし高品質かつ効率的な作業を行う必要があるため、レベルの高い作業訓練をしてから製造ラインに配置して業務を行う、といった取組みが必要となります。もちろんここまで行くと、目視に関わっている作業者は座らず立ち作業です。これは目視検査の省人化を超えて、あらゆる作業での活人化です。

ここで参考までに基本的なムダ取りの着眼点をいくつか挙げます。

日本で特に有名なのはトヨタ生産方式の7つのムダです。「①加工のムダ　②在庫のムダ　③つくりすぎのムダ　④手待ちのムダ　⑤動作のムダ　⑥運搬のムダ　⑦不良のムダ」です。これらはそれぞれの頭文字をとって「かざってとうふ」と覚えます。本書に最も関わりが深いのは⑦不良のムダですが、品質不良そのものや、不良判定数が多いことがそもそもムダとなります。それ以外の視点では、多能工のためにU字ラインを組むのであれば⑤動作のムダの削減が非常に重要で、人の動きに着目して動作研究がなされます。非効率的な動作を簡略化、排除したり作業順番を入れ替えたりして最適な方法を見つけ出します。作業者の動きをビデオに撮って研究することもあります。

ほかにはECRSという用語があります。イクルスと読みます。

Eliminate（ムダな作業を**排除**できないか）、Combine（ほかの作業と**結合**できないか）、Rearrange（作業手順や工程を**入れ替え**られないか）、Simplify（作業手順を**簡素化**できないか）などです。

プリント回路板でこの手法に当てはめて例を挙げると、効率化のためにEliminateやCombineが行われることが多いと思います。例えばリフローした基板を検査して、その後に局所フローして検査していたとします。これをリフローと局所フローしてから検査を1回で済ませるなどです。ほかにも、自動光学外観で基板の表面と裏面を2回で検査していたものを、高速CTで両面のはんだ接合部をまとめて見るのもそのひとつです。製造工程では、昨今スルーホール部への局所フロー工程をなくして、リフロー工程でスルーホール部にはんだを印刷してリフローしてしまうといった研究がなされています。この場合、工程のムダをなくすだけでなく、使用するはんだ量、つまりはんだ材料のコストも減らすことができます。

話を戻して、車載の製造ラインはどうでしょうか。車載企業に対して行ったアンケートの結果を図6-14に示します。実際のところ、かなりばらつきがあります。なぜかというと、車載と一口に言っても、電動化

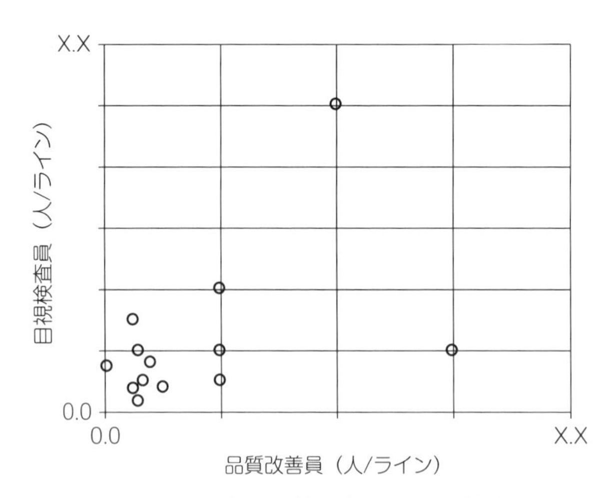

図6-14　車載の品質改善人員と目視検査員

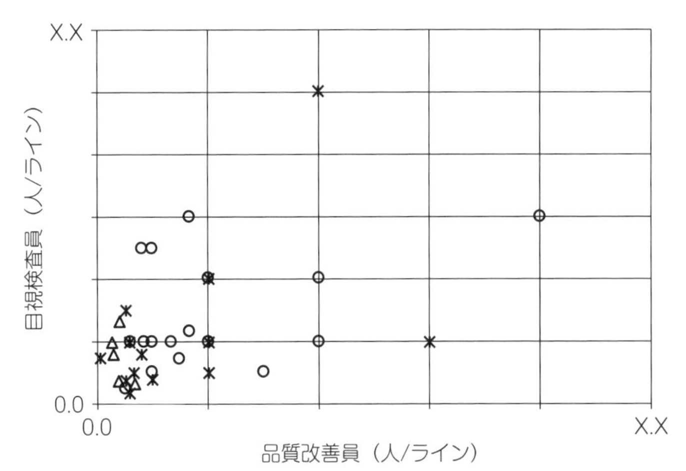

図6-15　品質改善人員と目視検査員

（パワートレイン）や安全走行（ADAS）、電子制御装置（ECU）など様々なプリント回路板があるのも理由かもしれません。しかし、その軸で細分化してみたのですが、特に傾向は見られませんでした。

全体的にはどうでしょうか。図6-15に示します。似たような製品を作っていても、人員数にはかなりばらつきがあるというのは往々にしてあることです。もちろん、品質投資の考え方や自動検査設備の性能などの要因も含まれての結果ではありますが、品質保証体系の考え方が多様化している状況です。

6.7　プリント回路板におけるマルチベンダ

一時的ですがマルチベンダ（多社購買）は検査直行率に影響します。図6-16は旧型の光学外観検査でのデータですが、多くの品質不良が発生していた現場での例です。最初の不良が多いのは、検査が安定していないためなので除きますが、このデータから不良判定で最も多いのはマルチベンダの一時的な影響であることが見えます。現在、光学外観検査

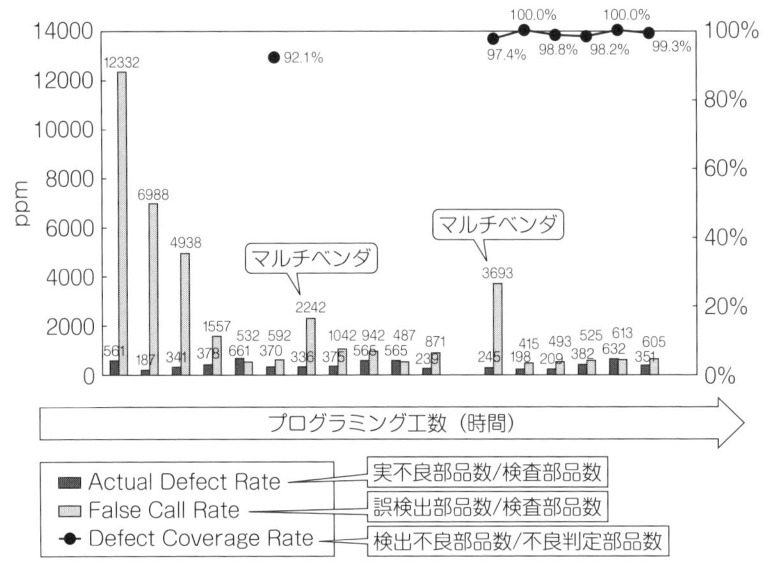

図 6-16　マルチベンダの影響

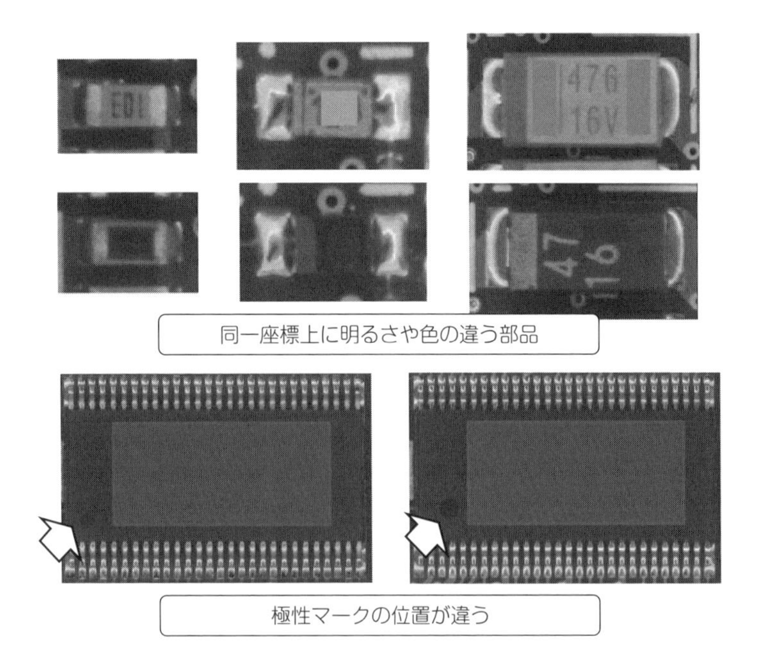

図 6-17　マルチベンダの事例

では部品の色や部品のサイズが違うものが混在しても対応ができますが、初期段階は目視作業者の負荷が増減する可能性があることを理解しておく必要があります。

図6-17にマルチベンダの事例を示します。

6.8 プリント回路板の品質コストの変遷例と課題

検査技術の変化や電子部品の形状変化は、品質コストに影響を及ぼします。図6-18に示すように、どの現場もゼロディフェクト化による失敗コストの削減、そして総品質コストの最小化を目指していることと思います。

検査や品質管理はどのように品質コストに影響してきたでしょうか。

本節ではプリント回路板を例に30年強の変遷を概観します。

※実際には導入している設備や製品によって変わるので一例として参考にしてください。

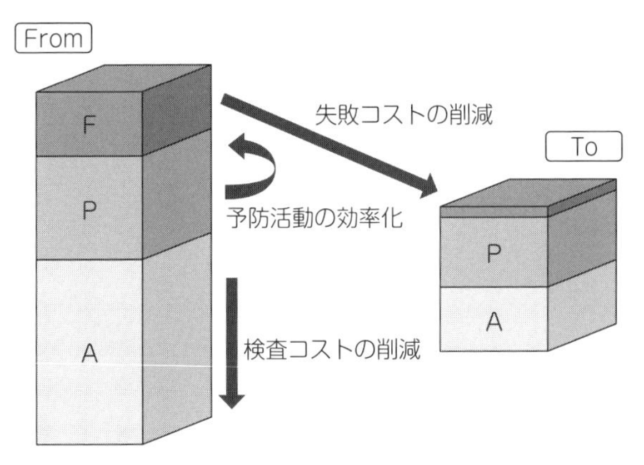

図6-18　総品質コストの最小化

⑴はんだ接合部等の目視検査が自動検査へと移行

⇒　検査コスト（目視検査）大幅削減、ただし、検査コスト（検査プログラミングコスト）増

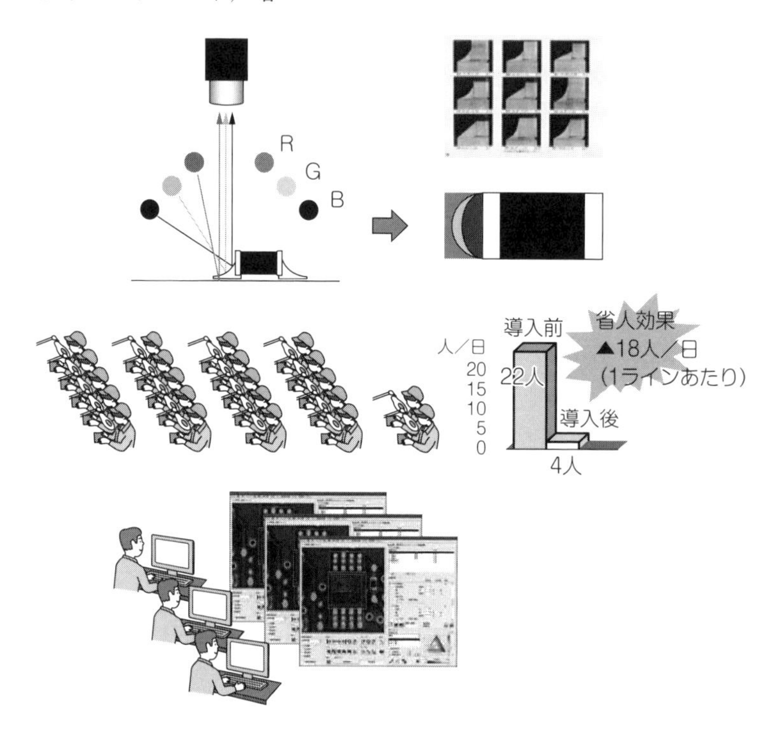

⑵画像処理のみえる化

⇒　検査コスト（検査プログラミングコスト削減）、ただしスキル人財に依存（失敗リスクの残存）

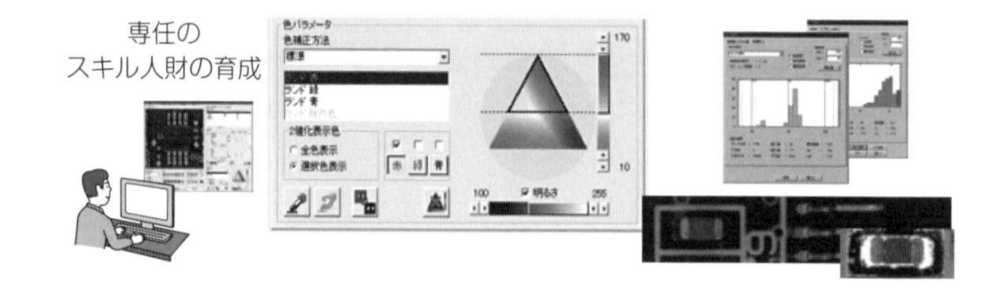

⑶ BGA などの部品の下面電極部品の採用

⇒　検査コスト（工程検査コスト）増

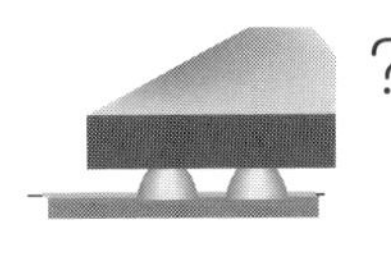
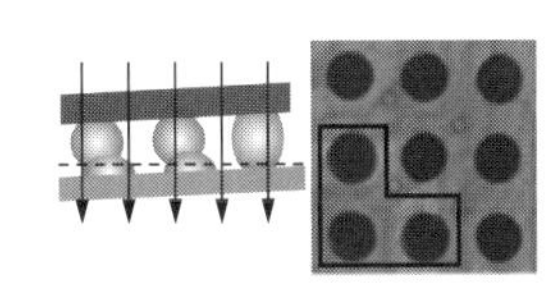

X線の2D（透過方式）にて
はんだ接合不良の検出不可

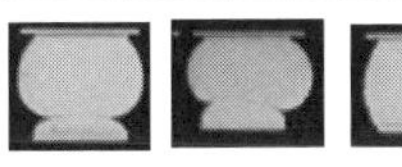

⑷工程検査（はんだ印刷・部品搭載）により事実が把握されはじめ改善活動が活性化

⇒　予防コスト増　⇒　失敗コスト減

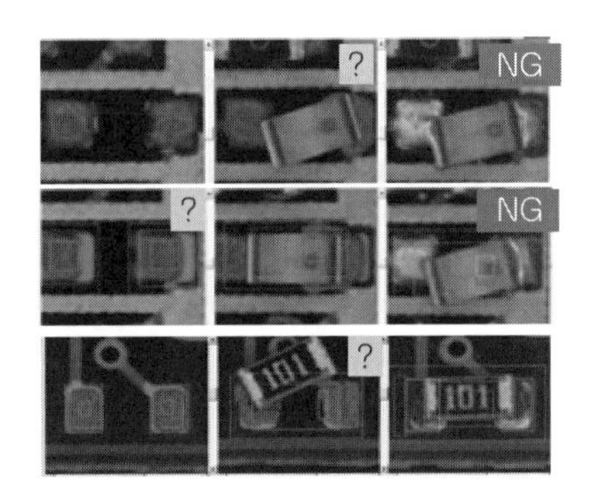

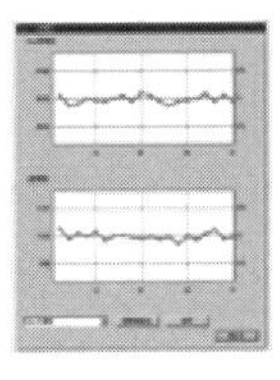

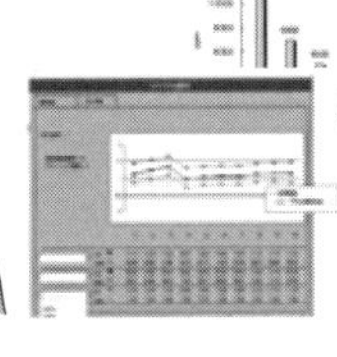

⑸実装定量型の3次元外観検査設備の登場

⇒　失敗コスト減・検査コスト減

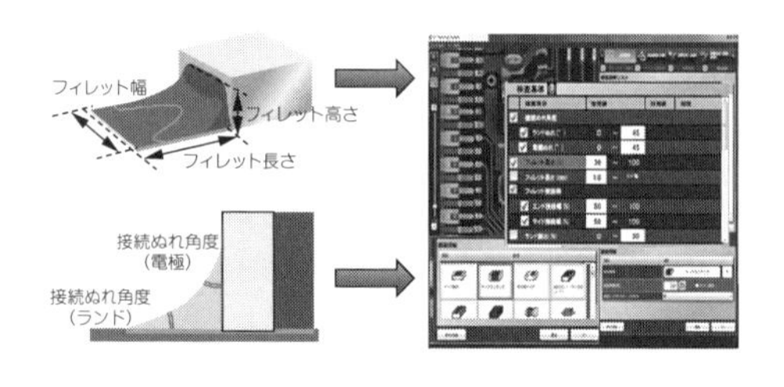

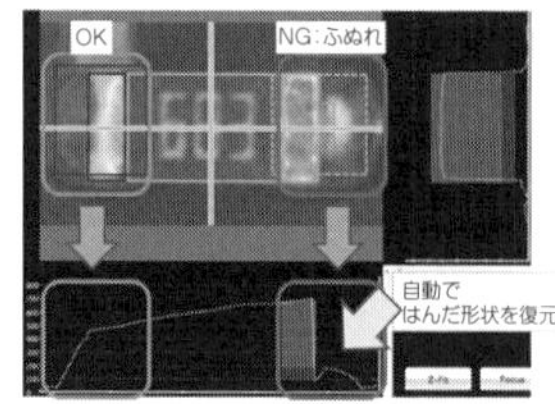

⑹BGAなどの部品の下面電極部品が増え続けHead in Pillowなどの品質不良が発生

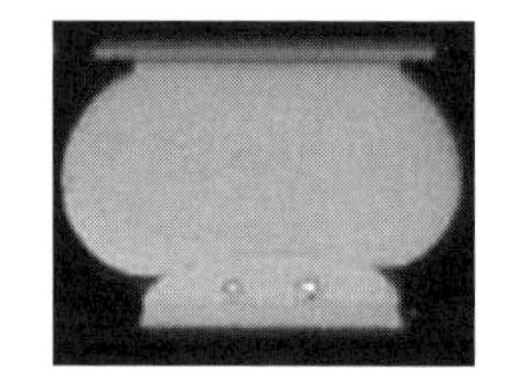

⇒　失敗コスト増

⑺．光学と高速CTによるインライン全数非破壊検査

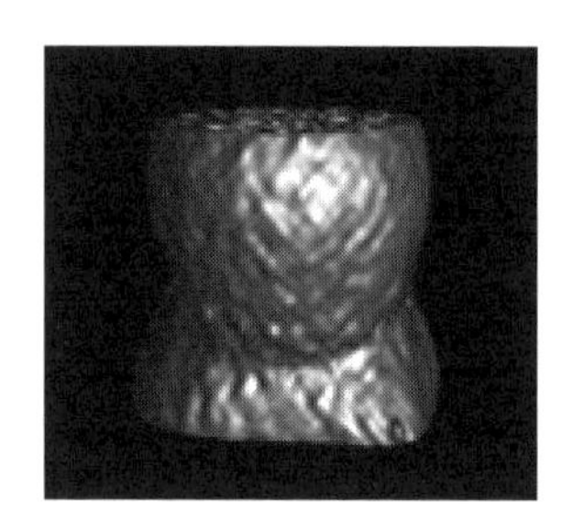

⇒　失敗コスト減

（検査設備コスト増だが、光学検査をCTに置き換えることで目視検査減）

検査技術が品質コストに影響を及ぼすのは明白ですが、実装の変化も品質コストに影響することが痛感される30年であったと思います。これは高密度化によるパッケージの変化に限らず、はんだの組成では鉛フリー化が、基板においてはハロゲンフリー化などが影響してきました。

コスト要素には多くの人件費が関わっています。人件費削減の効果は国によって変わってくるので、参考までに表6-7にその違いを示します。

表 6-7　JETRO（2015 年）

（単位：＄）

	中間管理職（課長クラス）	エンジニア（中堅技術者）	ワーカー（一般工職）
アムステルダム（オランダ）	5,196〜5,710	4,107〜4,513	2,357〜2,590
バルセロナ（スペイン）	2,592〜7,646	2,796〜3,959	1,330〜2,546
モスクワ（ロシア）	2,534〜3,801	1,267〜2,534	887〜1,140
シカゴ（米国）	9,138	6,397	2,886
ロンドン（英国）	7,544	5,467	3,058
イエナ（ドイツ）	6700	3955	2,800
パリ（フランス）	6,019	4,590〜7,358	2,339〜2,730
東京（日本）	4,227	3,147	2,373
大阪（日本）	3,751	2,921	2,187
シンガポール（シンガポール）	4,163	2,701	1,526
ソウル（韓国）	3,316	2,536	1,729
台北（台湾）	2,032	1,394	1,028
クアラルンプール（マレーシア）	1,715	924	418
北京（中国）	1,680	921	566
上海（中国）	1,561	947	474
バンコク（タイ）	1,461	669	363
深セン（中国）	1,308	656	414
マニラ（フィリピン）	1,077	386	268
ジャカルタ（インドネシア）	974	408	252
ハノイ（ベトナム）	859	396	173

7 品質のコミュニケーション一隠れたコスト削減

電子機器実装は技術の進展に伴い、高度に精密化及び自動化が進んでいます。その中で品質維持・向上のためには、検査や予防活動が必須であるのは先に述べた通りです。そしてそこでは、専門的な知識を持つ技術者や作業者によって、厳格な品質基準に従って製品の管理が行われます。例えば検査は自動化技術を使ってもその元となる検査基準は、現場の意見も確認し顧客と仕様を取り決めた上でしかるべき技術者が判断します。そして自動検査の設定にも、技術者や作業者が関わります。また、標準規格や標準作業が確定しても問題が生じれば、関係者が協力して改善が必要になります。改善には品質改善だけでなく、検査改善も必要になる場合もあります。

昨今では、例えば品質改善のトリガーとするために検査基準を厳しくし過ぎた結果、シワよせが来た最終工程の検査員が、無理をしたあげくミスを引き起こす、また不適切行為を行ったりしてしまう事案も起きています。つまり「品質改善」だけにとらわれて、それに関係する「検査改善」がなされないことで問題が生じています。こういった失敗や検査・予防コストを増大させるようなことを防がなければなりません。

本章では「技術者コミュニケーション」と先進的な「設備間コミュニケーション」の2つの視座に着眼します。

7.1 技術者/作業者のコミュニケーション

一般論として、技術者にコミュニケーション能力が求められているか否かということについては、様々な考え方があります。代表的な意見として、企業や技術認定機関の認識を参考にしてみたいと思います。

例えば、日本経済団体連合会は毎年、企業の新卒者の採用選考活動を把握することを目的に1997年から新卒採用に関するアンケートを実施しています。その新卒者の中には、技術者も含まれていると考えられます。2018年11月に発表された『2018年度 新卒採用に関するアンケート調査結果（日本経済団体連合会、2018）』によると、選考にあたって特に重視した点は20項目中「コミュニケーション能力」が第1位、「主体性」が第2位、「チャレンジ精神」が第3位でした。また、コミュニケーションを前提とするであろう協調性も、第4位に位置付けています。

このデータは2000年代初期を見ると「チャレンジ精神」などと大きな差異はなく、「コミュニケーション能力」は抜きん出てはいませんでした。しかし2004年から上昇しはじめ、16年連続の1位となっています。しかも、ほかの要素に大きく差をつけた状態で推移し続けており、個人にコミュニケーション能力を強く期待する企業が非常に多いことが伺えます。

これだけ企業がコミュニケーションを重視するということは、個人のコミュニケーション能力は企業経営や組織への影響が大きいことを示しています。一方で、すでに何らかのコミュニケーション課題が発生していることの表れとも言えます。これには技術者や作業者のコミュニケーションの課題や期待も強く含まれていると考えられます。

客観指標として、技術認定組織の認識を見てみます。例えば国際的な視点ではInternational Engineering Alliance（IEA）という国際エンジニアリング連合があります。IEAは、エンジニアリング教育認定の三協定（Washington Accord、Sydney Accord、Dublin Accord）と、専門職資格認定の四枠組（IPEA、APEC Engineer、IETA、AIET）で構成されており、高等教育機関における教育の質保証・国際的同等性の確保と、専門職資格の質の確保・国際流動化は同一線上のテーマであるという観点のもと、運営されています（日本技術士会、2019）。

2007年ワシントンにおいて、ニュージーランド技術者協会を各協定・枠組共通の事務局とする体制について合意がなされ、その後、この体制をIEAと称して、エンジニアリング教育認定・専門職資格認定の共通課題について議論を行っています。そこでは知識・能力の要件のひとつとして「複合的なエンジニアリング活動に関して、報告書や設計文書の理解と作成、種々の発表、明確な指示の授受等を通じて、エンジニアリング関係者や広く社会と効果的にコミュニケーションを行う」（IEA、

2013)（文部科学省　IEA GA & PC　翻訳ワーキンググループ、2009）と明記されています。

また、国際的な動きの中で米国のエンジニアリングを代表する技術者教育認定組織、ABET（Accreditation Board for Engineering and Technology）という機関があります。その教育認定の基準は、専門分野に限らず「効果的にコミュニケーションをとることのできる能力」（Shuman、2005）を要求しています。このように、国際的にも技術者や専門人材にコミュニケーション能力が強く求められています。

国内の状況はどうでしょうか。1999年11月に日本技術者教育認定機構（JABEE）が設立され、2005年にはワシントン協定に加盟しました。そこでも認定基準及び達成すべき知識と能力として「論理的な記述力、口頭発表力、討議等のコミュニケーション能力」（日本技術者教育認定機構）が記されています。

また日本技術士会は、技術士に求められる資質能力に「1）業務履行上、口頭や文書等の方法を通じて、雇用者、上司や同僚、クライアントやユーザー等多様な関係者との間で、明確かつ効果的な意思疎通を行うこと　2）海外における業務に携わる際は、一定の語学力による業務上必要な意思疎通に加え、現地の社会的文化的多様性を理解し関係者との間で可能な限り協調すること」（文部科学省　国際委員会IEA対応WG、2014）を挙げています。

やはり、日本国内の技術者や専門性人材にも、コミュニケーション能力が強く求められています。これら機関のコミュニケーションに関わる要件を表7-1に一覧します。

全般的に技術者には、効果的なコミュニケーション能力の要求が見受けられます。そのような中で、エンジニアリングは複合的であり、そこに加えて海外における業務においては言語能力が求められています。「複合的なエンジニアリング」においては、技術は専門性の相違があっても意思疎通のためのコミュニケーションを行う能力を必要とします。「複合的なエンジニアリング活動」を行う上で、実際に技術者の仕事はどれだけ多様性があり複雑化しているのでしょうか。

ここで、広範囲な技術を体系化していると考えられる技術士という資

表 7-1　出典：コミュニケーションに関わる要件

<table>
<tr><th>機関等</th><th colspan="2">要　件</th></tr>
<tr><td>IEA</td><td colspan="2">複合的なエンジニアリング活動に関して、報告書や設計文書の理解と作成、種々の発表、明確な指示の授受などを通じて、エンジニアリング関係者や広く社会と効果的にコミュニケーションを行う。</td></tr>
<tr><td>ABET</td><td colspan="2">効果的にコミュニケーションをとることのできる能力。</td></tr>
<tr><td>JABEE</td><td colspan="2">論理的な記述力、口頭発表力、討議などのコミュニケーション能力。</td></tr>
<tr><td rowspan="2">IPEJ
（技術士会）</td><td rowspan="2">コミュニケーション</td><td>業務履行上、口頭や文書などの方法を通じて、雇用者、上司や同僚、クライアントやユーザーなど多様な関係者との間で、明確かつ効果的な意思疎通を行うこと。</td></tr>
<tr><td>海外における業務に携わる際は、一定の語学力による業務上必要な意思疎通に加え、現地の社会的文化的多様性を理解し関係者との間で可能な限り協調すること。</td></tr>
</table>

表 7-2　科学技術部門の種類

機械部門	船舶・海洋部門	航空・宇宙部門
電気電子部門	化学部門	繊維部門
金属部門	資源工学部門	建設部門
上下水道部門	衛生工学部門	農業部門
森林部門	水産部門	経営工学部門
情報工学部門	応用理学部門	生物工学部門
環境部門	原子力・放射線部門	総合技術監理部門

出典：日本技術士会

格の技術部門の分類を例にとると、その数は**表 7-2** に示す通り 21 部門（日本技術士会、2018）も存在します。さらにこの下に技術カテゴリが細分化されているため、実際にはこの何倍もの種類になります。このように、技術士における科学技術の部門を例に取り上げてみても、専門技術は多様で複雑であると言えます。そしてさらに多くの分業が存在していたり、専門技術者が集まって複合的な技術活動がなされています。

電子機器実装においても、経営工学、電気電子、機械、金属、化学等々、多くの科学技術と深い関りがあり、複合的に絡み合っています。そして技術的な共通の目的を持って仕事を遂行する際には、いくつもの科学技術の専門職業人材が集まって、皆が専門性を発揮しコミュニケーションしながら業務を行っています。そしてこれら技術の用語を理解するのは難しいため、一般的に専門の用語辞典などが科学技術分野ごとに存在します。

ここで念のため、技術者のコミュニケーションは、一般的に論じられている組織論などでのコミュニケーションと何が違うのかを示しておきたいと思います。大きな相違は、設備や製品を介して行うことが多い点です。例えば、技術者間や作業者間でお互いに行っている作業を理解できるようにしておかないと、コミュニケーションギャップが生じます。最悪の場合には、全くコミュニケーションが行われないという状況も考えられ、それは製品品質に大きく影響してきます。

通常、コミュニケーションは社会生活を送る際に当然のように行われるものですが、具体的にどのような行動を指しているのかは一概に言うことができません。それに対し、品質の観点での技術者コミュニケーションが必要とされる場合は、品質保証、品質不具合の撲滅、顧客要求品質の充足、効率的な品質管理、検査においてであり、達成に向けて行うことは具体的です。つまり技術者コミュニケーションとは、製品をよりよいものにするために欠かせないものであると言えます。

ちなみに、一般的なコミュニケーションの手段は言葉が主要ですが、技術者間においてはさらに複合的なエンジニアリング（技術）が重要となります。専門性が高くなると、同一分野の専門技術者間でのコミュニケーションは容易になりますが、極度に専門性が違う分野間でのコミュニケーションは困難になるという課題があります。

ここで“品質不良の発生防止”を共通目的とする「品質改善」に関わる、技術者間のコミュニケーションギャップにはどのようなものがあるのかを考えてみたいと思います。製造においては外国人労働者に高い労働力と質を求めますが、言葉の壁があるとコミュニケーション課題が発生することがあります。つまり改善活動や作業の教育指導などが困難になると言えます。具体的な例では、技術者や作業者が製品の問題について話をする際において、外国語という言語の問題があると、品質の認識整合が難しくなります。よって、日本で伝統的に活発に行われてきた改善活動が困難になることがあります。この対策として、言語の問題をカバーするために映像化や定量化、あるいは品質規格の標準化などの対策が考えられます。

そして拠点間や企業間さらに国が違ったりすると、コミュニケーションのハードルは上がってきます。過去に大規模な自動車のリコールにおいて、問題を大きくした理由のひとつにコミュニケーションが関わっているとの記録も存在します。それは、ある国で把握されていた自動車走行に関わる品質不具合が、ほかの国に十分共有されなかったという問題です。このことが、結果的に問題を拡大させてしまいました。

一般的に、国籍の違いによる言語や文化の違いがあると、品質不具合の認識整合が難しいというような問題が生じます。特に自動車は製品１台あたりの部品点数が一般的な電子機器よりも一桁以上多く（数万点）使用されます。まさに複合的技術の代表例であり、自動車走行に関する技術は難易度の高い専門技術が集結した複合技術のひとつであると言えます。そして自動車が完成するためには多くの企業が関わっており、その製造国も様々であるため、その対策においては文化の理解も必要になってきます。そして品質の感度は国によって大きな違いがあるのでその点も考慮しなければなりません。リスクの低減や回避を最優先にするか、リスクよりも目的を達成することを優先するかは、品質に限らず文化的な差異があります。

“品質不良の流出防止”を共通目的とする「検査改善」といった観点ではどうでしょうか。数年前に、自動車の検査において、測定値を書き換えて検査報告書を作成した不適切行為が生じました。このような行為は倫理的な問題としてよく取り上げられます。ですが、中には現場の検査者と技術者とのコミュニケーションが発端となって生じた問題も存在しています。それは、検査基準を超える事態が発生した時に、検査基準を決めている技術者に基準値の見直しを求めたが、その対応がなされなかったため、やむを得ずに数値を書き換えるようになったという問題でした。技術者側としては、測定結果の傾向に偏りがあるだけという理解で、元々決められていた基準値を守るべきものとして基準を見直さなかったというものです。

明確に改善要求をしても相互の認識がうまく一致せず、問題の解決には至らない場合は、現実的に存在します。国籍の違いのような言語的なギャップが存在していなかったにもかかわらず、技術者と検査者が同じ問題を共有して解決する、という行動に至らなかったのは「検査改善における問題認識のずれ」があったと考えられます。品質改善におけるコミュニケーションギャップの事例との違いは、問題の発生過程です。検査基準が、検査者の不適切行為を発生させた要因のひとつである点は明確です。そしてこの検査は、自動車の専門的な要素が含まれていたと予想されます。

ただし、この事例で特筆すべきは、このような不適切行為が一部の工場では発生しなかった点です。そこでは専門的な業務経験があるトップが現場管理・監督を行っていました。つまり、現場作業をよく理解した専門性が高い組織員が、現場管理を行うことができる場合は、このような問題を発生させない仕組みづくりができると考えられます。しかしあらゆるところに専門家による管理・監督体制を整備するということは現実的ではありません。そう考えると問題発生の潜在リスクを少しでも低減するためには、技術者間による横方向の連携、技術者間の理解力を合わせてコミュニケーションできるようにしておくことは非常に重要です。

ほかの事例はどうでしょうか。ある企業では、顧客仕様より厳しい社内基準が設けられていたことが、結果的に検査の不適切行為を引き起こしたケースがありました。この社内基準は、それを満たさないものが一定以上発生した場合に工程能力の問題を提起したり顧客への仕様変更を要求する、という改善の仕組化のためでした。しかし、社内基準が厳しすぎるため遵守が困難であることから、現場検査員がそれは満たさなくてもよいと判断をしてしまったことが不適切行為に至る原因でした。

この事例においては、スタート時点ではあえて社内基準を厳しくし、それをきっかけとして品質をよくしたいといった技術者側のありたい姿への思いが見える一方、検査工程の現状を正確に把握していなかったことが伺えます。つまり、ここでのコミュニケーションギャップも前述した例と同様に、「検査改善における問題認識のずれ」と考えられます。合理的な検査規格の認識整合ができなかったことが、検査員の不適切行為を発生させた要因のひとつです。

これらに共通しているのは、不適切行為をなくし実行責任を果たすといった倫理的な問題が解決されたとしても、日頃から相互の協力体制がなければリスクが残存する点です。明らかに不適切であるという行為が、長期に渡って続けられ、そこに膨大な数の人が関わってしまうという事態は問題の根深さを感じると同時に、ほかでも常に似たようなリスクに晒されているという見方ができます。

電子機器実装の検査において、技術者のコミュニケーションギャップを生じさせた事例はあるでしょうか。15年ほど前、中国・アジアにて実装ラインを大量に立ち上げ、外資系の検査設備が使用され始めた頃に、ローカルの工場内部で検査不適切行為が散見されました。

自動検査を行うには検査プログラミング員が検査プログラムを作成して、必要時に検査基準の調整を行いながら自動検査運用がされています。そして自動検査が行われた後には、目視検査員が実際の不良（以下、実不良）か許容できるものかを最終選別して、実不良であれば廃棄あるいは修正作業を行います。ここで、技術者のコミュニケーションギャップから問題が発生し、その解決に向けての対策が講じられた事例を紹介します。

ある国のデジタル家電企業の現地工場では不良品の後工程への流出問題が起こっていました。その問題は当時の自動検査装置（海外のローカルメーカ製）の運用でした。目視検査員はほかの工程から分離されて一部のエリアに固められ、作業内容としてはモニターに表示される自動検査にて不良判定された部品を良品・不良品を目視選別するといったものでした。エンターキーを押すことで次の部品の確認に進みます。作業者がいるエリアに近づくと驚くべきことが起きていました。作業者はキーボードのエンターキーを高速で叩き続けているのです。そして叩きながらよそ見までしており、画面を見ていないこともあります。その作業者に近づくと、キーボードを叩く速度は遅くなりました。それは異常な光景で、作業者は大量に不良判定された目視検査を、ただこなすことが目的となっているように見えました。

その状況を把握した管理者が、作業者を含めた関係者を集めて話し合いを行った結果、次のことがわかりました。この製品は外部への不良流出が多く、それを防ぐため自動検査を厳しくしてしまい、それがきっかけとなり目視が必要な不良判定品が大量発生したため、作業者に多大な負担が掛かっていました。目視作業者は、検査装置が出す大量判定品を時間内にこなすためにこのような動きをしていたという訳です。この状況を改善するには管理側だけでの対策では難しいことから、検査工程設計（自動検査プログラミング作業者と目視作業者の分業）の見直しと日常の作業者間のコミュニケーションを円滑化するための検討をするに至った例です。

ただし、現実的には難しい点がありました。自動検査を運用するための画像処理と、目視や修正作業を行うはんだ付けは、専門性が異なりお互いの作業内容を深く理解することは困難です。つまり、技術的なコミュニケーションが難しい状態と言えます。また、このような検査不適切行為にまで至らなくても、目視検査員が検査を高速で行ってしまったがために、ヒューマンエラーを起こし、品質不良が後工程に流出しているケースが過去にありました。このような問題は管理者の課題といった捉え方もできますが、現実問題として管理者が検査工程設計を正確に把握するのが難しいというケースは昔から存在します。

ちなみに、このような問題を起こさないための現場のコミュニケーション・システムはどうあるべきでしょうか。古典的ですが、ギルブレスの動作研究やフレデリック・W・テイラーの科学的管理法による時間研究があります。例えば1部品あたりの目視作業をする時間はどの程度が適正であるかを標準作業者をモデルとして計測して、目視作業の標準時間の設定や短縮をする考え方です。

ある企業ではこのような考え方をベースにルール化することによって解決していました。そこでは自動検査装置を使用していましたが、部品1点あたりの目視作業の標準時間を決め、ラインのサイクルタイム内の間に1基板あたりの不良判定数が一定量以内であれば目視検査員は正常に検査ができるはずである、と判断されていました。そして自動検査装置の不良判定数がその決めた数量を超えると、目視検査員が手を挙げるというルールを設け、その合図で技術者が検査設定含む改善を行うことで目視検査員の負荷を正常化するというものでした。

当該工場では複数の国籍の技術員や作業員が業務を行っており、言語の壁がある中でも、この手を挙げるといったルール化は、シンプルなものながら品質不良の流出防止システムとして有効に機能していました。つまりコミュニケーションの課題は、身振り手振りといった現場組織の仕組化でも解決ができることがあります。

一方で、このようなコミュニケーションは古典的な科学的管理法がベースであり、機械的で目視検査員の負荷軽減をシステマティックには実現していますが、不良をなくすための本質的な協力関係へと発展させるほどのコミュニケーションまでには至らないという課題は残存します。

さて、話が長くなりましたが、“品質不良の流出防止”を共通目的とする検査改善においては、検査に関わる作業が自動検査と目視検査者で分業されているため、検査技術者/作業者と目視作業者との相互協力がしやすい仕組化が課題です。また“品質不良の発生防止”を共通目的とする品質改善においては、実際の不良をきっかけとして品質改善に動くため、これも同様に検査技術者/作業者と実装技術者/作業者との相互が協力をしやすい仕組化が重要であると言えます。

また、これらが拠点間や企業間で行われる場合の対策も考える必要があります。電子機器実装であれば、過去には画像処理にそのコミュニケーションギャップを生じさせやすい画像処理用語の課題がありました。しかし昨今では、図7-1に示したように3次元技術の進展とともに実装

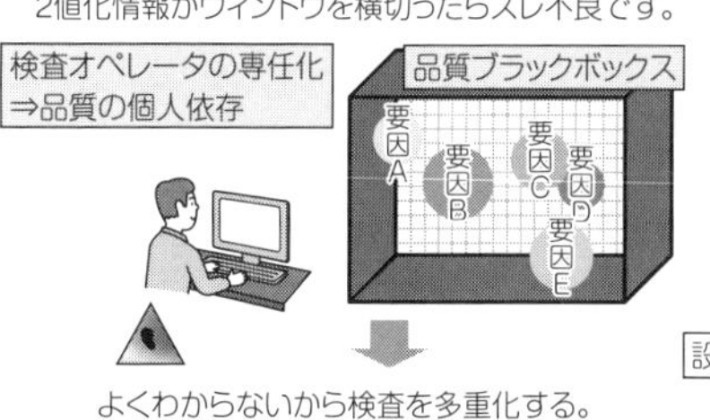

図 7-1　検査運用や品質のコミュニケーションの変化例

定量化、実装言語化が行われてきています。

逆説的ですが、特殊な工程と専門化をそのまま進めておくことは競争力に繋がる、といった考え方もあります。ただし、その場合には技術者や作業者間での理解力の差異から生じるコミュニケーションコスト（≒時間のコスト）や、専門性に特化した人財の育成コストの課題が発生します。

7.2 設備間コミュニケーション

前節で、技術者や作業者のコミュニケーションは、専門性の影響があるということに触れました。コミュニケーションの課題というものは、技術者や作業者間に限ったことではありません。品質の設備間コミュニケーションにおいても問題の本質は一緒です。

例えば印刷検査設備がはんだ量を物理量で出力しているのに対し、リフロー後の検査機が画像処理出力（画素、重心・輝度…etc.）となっていた場合、どのような問題が生ずるでしょうか。品質改善のための調査をしていても何がどう関連しているのか判断しづらいため、因果関係を発見することは難しくなります。

またそれらの問題を解決するには、3次元の実装情報の定量出力が有効ですが、それを独自の考え方や難解な情報で出力し続けたら、やはりコミュニケーションギャップが生じます。今後設備間の自動化が進展したとしても、自動化しなかったり人が引き継ぐ部分があれば、それは人が理解しやすくしておく必要があります。

では、どのようなものを参考に定量出力を考えておくべきかですが、それは実際に運用されている国際・国家・業界などの公的規格に極力合わせるのが、グローバルにおける技術者間や設備間の品質のコミュニケーションの円滑化となります。つまり、品質に関わる組織だけでなく、設備の自動化含めた共通言語化と定量化を実現することが必要です。表7-3に、はんだ接合に関わる品質基準に関わる公的規格の例を記します。

表 7-3　はんだ接合に関わる品質基準の例

規格や団体名		はんだ接合に関わる品質基準（例）
IEC	International Electrotechnical Commission	IEC61191
JIS	日本工業規格	JIS-C-61191
IPC	米国電子回路工業会 Institute for Interconnecting Packaging Electronics Circuits	J-STD-001 IPC-A-610

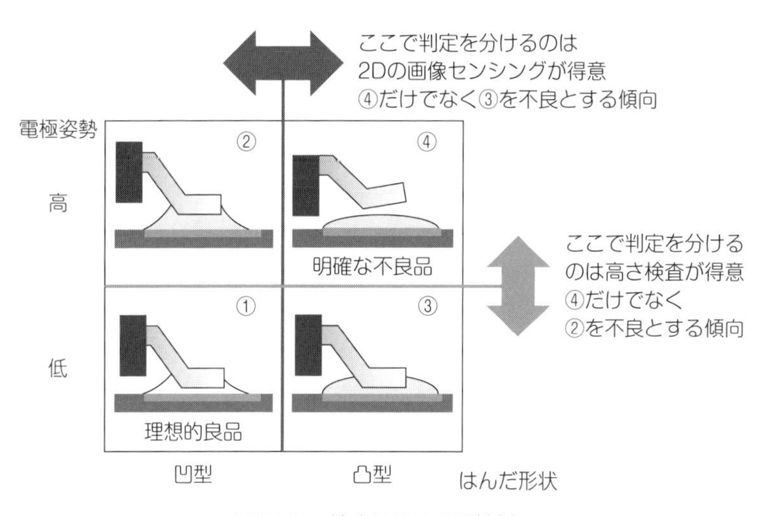

図 7-2　検査原理と品質判定

海外では昔から、品質基準の整合を目的として公的規格が要求される傾向にありましたが、日本においてはその必要性に認識のばらつきがありました。これには、黎明期からの光学外観検査設備の検査原理の特徴が影響していた可能性があります。例えば検査機の出力と整合性が難しい場合は、検査機の特徴に合わせて品質基準を決定し運用せざるを得ない現実も発生していました。例えば、**図 7-2** のように高さ検査が得意な検査機を運用している場合は④だけでなく②を不良とし、画像処理ではんだのぬれ検査が得意な検査機を運用している場合は④だけでなく③を不良にするなどの、品質基準による運用です。

このような前処理（検査原理）の課題を後処理（ソフトウェア）で解決するために、第二世代の人工知能（AI）やそれに準ずる自動化を可能にするための様々な対策が考えられることもありました。まず黎明期に最初に耳にしたキーワードはファジィです。これは、画像処理で必要な情報を抽出する2値化処理を自動で行ってくれるというものでした。しかし、残念ながらフリーズしたのはシステムではなく日頃から超高速でプログラミングしている専任者達の方でした。この試みは、瞬時に膨大なパラメータから最適なものを選択して、調整を一瞬で完了できるという専任者の作業ノウハウを、ソフトウェアに入れることの難解さを明示する結果になりました。

その作業ノウハウとはどの程度かといいますと、身の回りにある様々な物体を見てもRGB（赤・緑・青）の相対バランスが即言えるレベルです。わかりやすく言えば、例えば絶対音感を持つ音楽家が周辺で発せられる音の音階を正確に聞き分けられるように、物体の色をオストワルト表色で示せるような能力を専任者が持っているということです。さらに、昔からあるオストワルト表色では画像処理システムと説明上のアンマッチングが生じるため、検査専任者達は加法混色や減法混色をベースに考え関係者で共通理解をするための工夫を凝らしていました。まさに人間検査機といってよいノウハウであり、そのレベルに達してやっと現場で立上げができるといった状況でした。そのような人的スキルを中心に据えた検査となっていた中で、人工知能や自動化の話が出てくればそれこそ皆興味津々だったのです。

その後、ニューロのキーワードを盛んに聞くようになりました。それは「検査の再現性が100％というすごい物が出てきた」といった話であったため驚きましたが、結局「同一の検査物においては同様の結果が出るけれど、同じ現象が他の場所で発生するとその不良が検出できない」といった情報がすぐ流れてきました。外資系の検査機には惑わされる事例が多々あり、例えばゴールデンボード（≒良品）を使えば、学習してくれるといった夢のような話もありました。しかし、ゴールデンボードのサンプルよりも品質が上であるにもかかわらず、不良の判定をするといったことが起き結果、判定に都合の悪い画像を探して消しまくるという作業に明け暮れているケースも海外では見られました。

その後も、多変量解析などの目を見張る技術が出て、それに準ずる自動化の検討も行われていました。特にその頃は良品のばらつきが多かったので、不良品の方がはんだ形状が安定しているといった考え方もあり、部品未搭載リフローという疑似的なふぬれの不良サンプルを制作して学習するということが流行しました。しかしながら、世の中の大幅な不良の減少（例：%⇒ppm）から、本当の不良サンプルそのものが希少価値になっていくといったことも起こりました。そして、そもそもはんだ接合には品質基準が存在しているのに、自動で設定を変えてよいのかという議論も巻き起こりました。

いずれにしても品質改善や検査で難しいのは、最終的には管理責任も実行責任も人にある点だと思います。そういった意味でまずは人と人、人と設備、設備間でやり取りする情報の質は重要であり、それが今まで記してきた品質のコミュニケーションの仕組化とも関係します。さて、このまま行くとこの話もキリがなくなるので一旦話を戻します。

昨今ではグローバル化の影響にて、公的規格との整合性を問われる機会が増えてきました。著者がアンケート調査したところでは、公的規格を採用している（あるいは参考にしている）現場は８割を超えています。また、基板の外観と内部のはんだ接合検査の3D検査技術が向上したため、はんだ接合検査の要件に対応しやすくなりました。

しかしこのような流れの中で、次に出てきた課題は品質基準の整合性でした。現場と公的規格の、品質基準のミスマッチです。例えば、図7-3に示すような部品電極の「サイドはみ出し」の品質基準は、一昔前の日本国内では33％がデファクト標準でした。これは、自動光学外観検査のデフォルトを33％にして、多くの現場で合意形成がなされていたこ

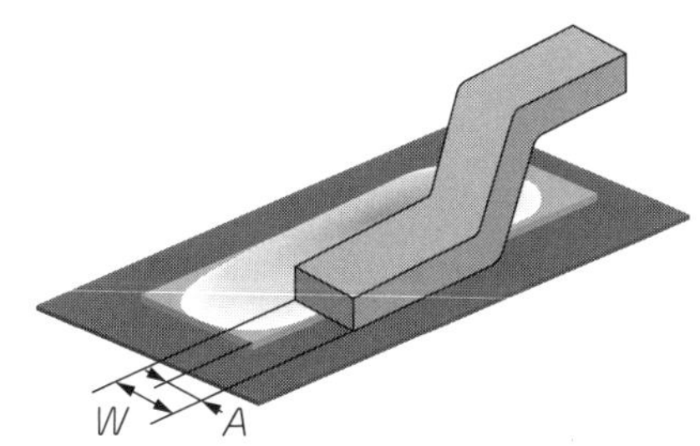

W：電極幅
A：電極幅に対するランドからのはみ出し量

図7-3　部品電極の「サイドはみ出し」の品質基準

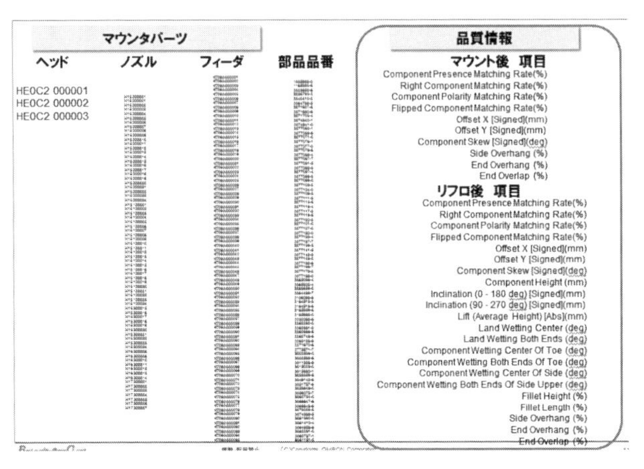

図 7-4　公的規格を意識した検査設備の出力

ともひとつの要因と考えられます。これに対し、国際・国家・業界などに採用されている基準は 25 %と 50 %でした。そこで公的規格側の修正要求を検討する必要性が生じたのですが、結局のところ公的規格に合わせ、最も厳しいクラスの25 %にしたとの情報が相次ぎました。これはグローバルで仕事を行う上で、品質水準を客観的に示すには公的規格に合わせる方が早い、と判断される傾向があるのと、品質要求が厳しくなっていることの表れです。

このような課題への取組みの結果、現在は図 7-4 の通り公的規格を意識した検査設備の出力（ここでは英語版の例ですが、日本語の出力も同様）がすでに実現されています。さらにこういった情報は検査設備間の連携（コミュニケーション）だけでなく、検査設備と製造設備であるマウンタのヘッド、ノズル、フィーダ、部品品番など必要な設備の情報と紐づけがされています。

そして、このような公的な品質情報の定量出力をベースに、図 7-5 に示すような品質のシステムを構築する研究が進んでいます。

しかし、品質基準には課題がもう一点あります。リフロー後という最終工程に関しては公的な品質基準が存在しているので、それを参考として必要な部分は独自の厳しい基準を持つなどで検査運用すればよいのですが、印刷検査やマウント後検査の管理基準は、工程設計時に確定した

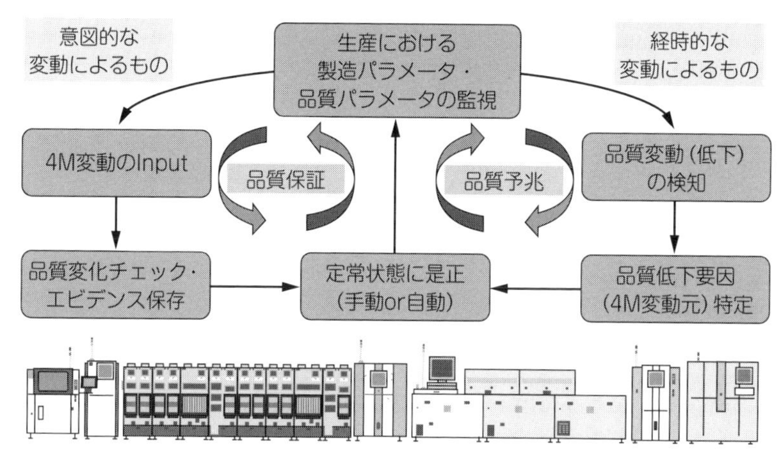

図 7-5　品質のシステム化

コントロールプランなどがもとになっていて、必ずしも製造時の最適解ではないといった問題です。つまりここにもコスト課題が潜在しています。この課題に関しては最終品質の定量情報などを起点に確定していく必要があります。

8 機会損失と予兆検知—隠れたコスト削減

投資効果や投資利益（ROI：Return on Investment）を考えるには2つの視点が必要です。ひとつは、やるべきことをやった投資効果で、これは試算もでき、その結果も検証可能です。難しいのは、機会損失というやるべきことができなかった場合を考えることです。品質投資のリターン、すなわちROQ（Return on Quality）は、精査が難しいものの人員削減や活人化によるコスト削減を概念的に示し、それを目標に動くことができます。しかし既存客や新規顧客への販売機会損失や、その要因となった可能性のある製造機会損失は、隠れたコスト削減の課題です。本章では品質からコストを考えるだけでなく、時間のコスト（そして利益）を考えたいと思います。

8.1 機会損失の低減

これまでに記したような、品質不良による失敗をなくしていくことには、どのようなメリットがあるでしょうか。この場合、図8-1に示したような不良のロスがなくなるため、価値のある稼働時間が増えます。つまり、付加価値時間への貢献があります。検査情報をうまく活用できれば、品質不良を削減し価値稼働時間を増やせるのです。

これがどの程度の効率となっているかは以下のように、生産数と良品数との関係などで簡単に計算することができ、目標管理も容易です。

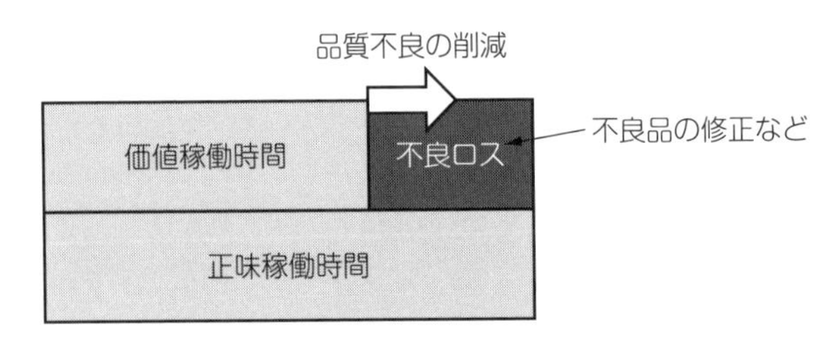

図8-1　価値稼働時間と正味稼働時間

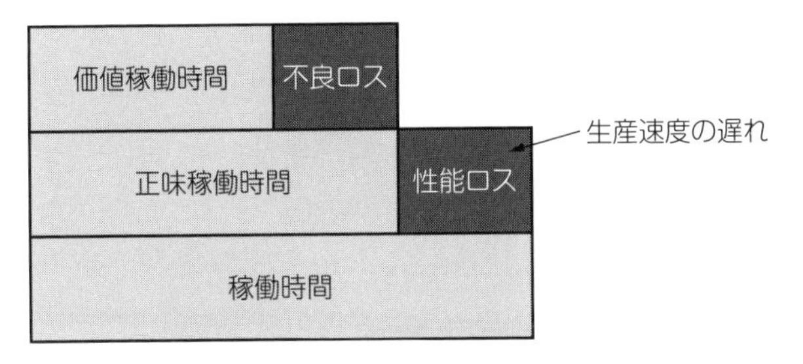

図 8-2　正味稼働時間と可動時間

　品質＝良品数／生産数

あるいは、

　良品率＝価値稼働時間／正味稼働時間

しかし、これを達成しただけで効率的な生産を行ったと判断できるでしょうか。設備は、計画した速度の通りに可動させる必要があります。そして図8-2に示したように、生産速度の遅れは性能ロスと呼ばれます。ちなみにここで注意すべきは、性能ロスと言う言葉に使われている「性能」の意味です。品質や検査業務に携わっている場合、性能と聞くと検査性能（品質不良の検出性能）のことと認識するのは珍しいことではありません。しかしこのような指標では、性能は「生産速度」のことを指します。

性能は以下の通り、実際の生産速度と計画した生産速度などで目標管理ができます。

　性能＝実際の生産速度／計画した生産速度

あるいは、

　性能稼働率＝正味稼働時間／稼働時間

そして先にも述べましたが、設備は計画した予定通りに動かす必要があります。そして図 8-3 に示したように、ライン停止時間は最小にしなければなりません。

これに関しては以下の通り、設備が動いた時間と計画した時間（⇒可動率と言います）で目標管理ができます。

　可動率(べき動率)＝設備が動いた時間／計画時間

あるいは、

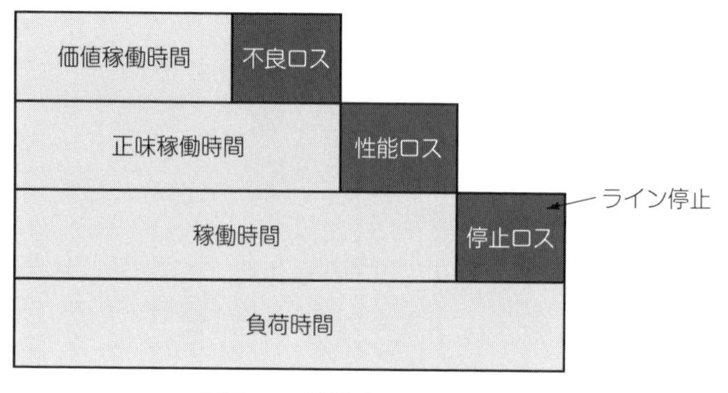

図 8-3　稼働時間と負荷時間

時間稼働率＝稼働時間／負荷時間

なお、ここに挙げた負荷時間は、操業時間から計画停止時間を引いたものになります。

加えて、これらを総合的に管理する方法があります。それは、設備総合効率あるいは総合設備効率と言って以下のような指標になります。

＝可動率×性能×品質

あるいは、

時間稼働率×性能稼働率×良品率

ここでは一般的な効率に関わる指標も、可動率でなく品質から順を追って概説してみました。

これらがうまくいかなかった場合、それと関わりがあるのが機会損失です。せっかく顧客が必要としているのに製造ラインで機会損失が発生すると、販売機会損失に繋がって行く可能性もあります。例えば、製造ラインタクト 30 秒で 1 枚 3,000 円の付加価値がある基板の生産が 8 時間停止してしまったら、それだけで 300 万円近くの損失になります。ほかにも顧客と納期の明確な約束をしていれば、それが守れなくなって信頼を失うリスクが考えられます。

この問題は実際どこから見ていくかですが、社会の安心・安全や倫理を考えても、まずは不良ロスの問題解決が先決です。それらが数多く発生している場合は、検査工程や修理工程がボトルネックとなります。不良ロスの問題を解決しつつ次に、最も段取り（内段取り）時間が掛かったり、工程時間が掛かる設備に着目するのが重要です。品質が安定してきたならば、品質のコストと同時にスループットも考えることが良好な製造ラインを構築する近道となります。

例えば、プリント回路板の実装において、最も時間が掛かる製造工程はどこでしょうか。ひとつの製造ラインにおいては、一般的に印刷機1台、リフロー炉1台に対しマウンタは数多く連結されています。つまり機会損失コストやリスクを減らすには、品質不良を減らして検査工程を軽くした後、あるいはそれと同時にマウンタのスループットを向上することは、ライン全体にとって非常に有効な対応となります。昨今マウンタは、日本製を中心に高精度なものが数多くありますので、それを最大限に活用し、製造ライン全体の計画通りの時間・性能、そして品質を総合的に高めることが重要になります。

8.2　プリント回路板の品質不良の予兆検知（例）

第4章にて、予防活動の効率化として工程照合の話をしましたが、これは、はんだ印刷検査、マウント後検査、リフロー後検査情報を活用したものでした。しかし、検査情報は不良が発生した後の分析であるため、実装技術者が不良要因を推測する必要があります。これはまだ予防というより是正に止まっているといった見方もできます。ありたい姿は不良ロスを未然に防止することです。突然のライン停止や、品質と製造速度のトレードオフが生じるといった問題を削減していく必要があります。

ここでは、プリント回路板の製造にて部品を搭載するマウンタとその検査を例に、その先進技術を見てみます。図8-4に電子部品を基板の上に搭載するマウンタの機構を示します。

基板にマウントする電子部品はフィーダで供給されます。フィーダには、テープに装填された電子部品を巻いたリールを装着します。ここから電子部品を送り出しながら供給しますが、この電子部品を送り出す部分に問題が生ずると、部品の供給位置のばらつきといった、品質を低下させる要因になります。

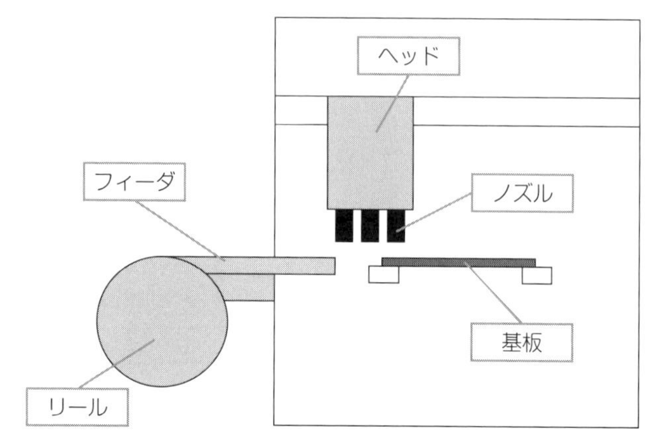

図 8-4　マウンタの構造

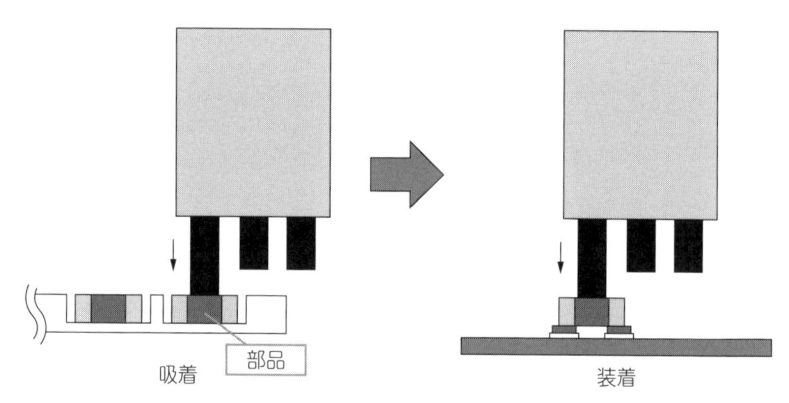

図 8-5　吸着、装着動作

電子部品の吸着と基板への装着動作を図 8-5 に示します。電子部品はノズルで吸着され、部品チェックを行い、基板上に運ばれ適切な位置に装着します。

電子部品は、ノズルとの接触部分を真空にすることでノズルに吸着されます。ノズルには多数の種類があります。しかし、以下の不良発生要因に示したような問題が発生すると、真空が保てなくなるという障害が発生し、電子部品を落下させたり、図 8-6 のように吸着位置がずれるなどで、不良を発生させることがあります。

不良発生要因（例）

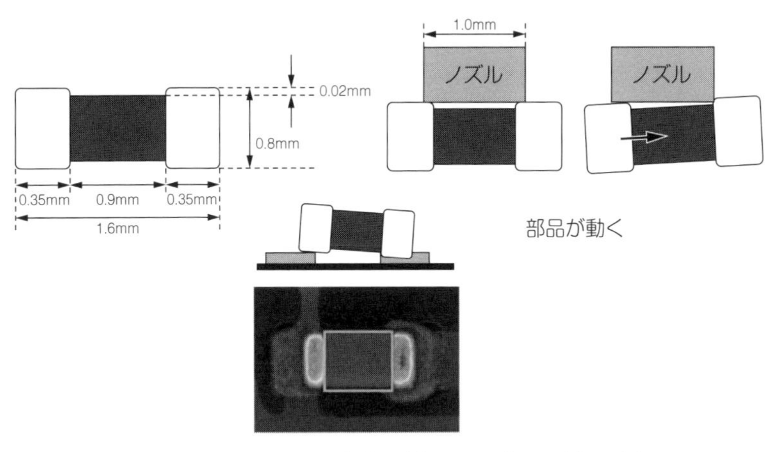

図 8-6　電子部品の搭載に対するノズル不適切の例

- 吸着ノズルの摩耗
- 吸着位置の認識ミス
- 電子部品に対するノズルの選択が不適切
- ノズルの移動/回転や吸着スピードの不適切

昨今、マウンタの精度は非常に高くなっています。しかし大量の部品を高速で実装するため、実装用の機構の消耗が発生し、実装不良を引き起こすことがあります。また、マウンタ側の精度が高くても電子部品や基板などの材料のばらつきが多い場合はマウント条件の調整などが必要になります。

不良の原因を突き止めるには、発生した不良がどのマウンタのどのヘッド、ノズル、フィーダで実装されたかを特定しなければなりません。その際には、検査情報とマウンタから得られる情報を照合する必要があります。通常は、単純に部品品番や基板上の位置から特定することはできず、基板１枚１枚のマウント情報を保存しておき、基板に刻印されたシリアル番号と個片番号、回路番号を照合する必要があります。しかしこのような作業を行うのは困難であり、照合できたとしても時間が経過し生産している機種が変わり、マウンタに装着されたフィーダやノズルが入れ替わっていたりするため処置ができない、といった問題があります。不良ロスやそれに関係する性能（生産速度）・ライン停止ロスの発生となる要素を未然に発見するには、品質の変動をリアルタイムに監視し、不良の予兆を検知したら、速やかに製造設備に対して処置を行う必要があります。品質の変動を捉えるには検査情報を利用しますが、単に良不良を判別するだけの検査では、不良になる前の情報を得ることはできません。第3章にも示しましたが、はんだ接合検査はランドの位置、部品電極の姿勢、はんだ形状といった実装品質を定量化した上で、品質基準に従って、良・不良の判定を行っています。品質基準としては公的規格を参考にすることが多いですが、さらに品質評価や検討を行い、固有の基準を設定することもあります。

不良になる前の品質変動を捉えるには、実装品質を示す定量値を把握しなければなりません。その上で、検査情報とマウンタの実装情報の紐付けを行います。すべての基板のすべての電子部品について、基板のシリアル番号と個片番号、回路番号ごとに、実装を行ったマウンタ名、そしてヘッドID、ノズルID、フィーダIDといったマウンタデバイスIDとそれらが装着されている位置を取得する必要があります。これらの情報を各マウンタがマウントを完了した直後に取得し、リアルタイムで処

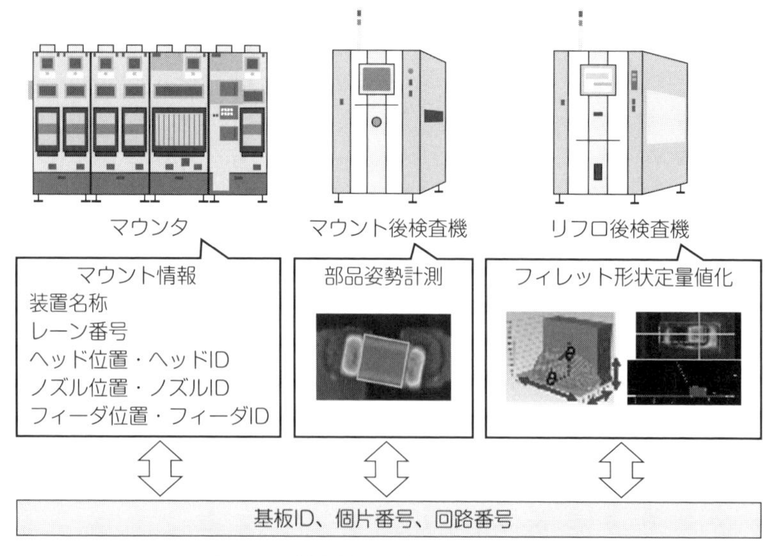

図8-7　検査情報と実装情報の紐付け

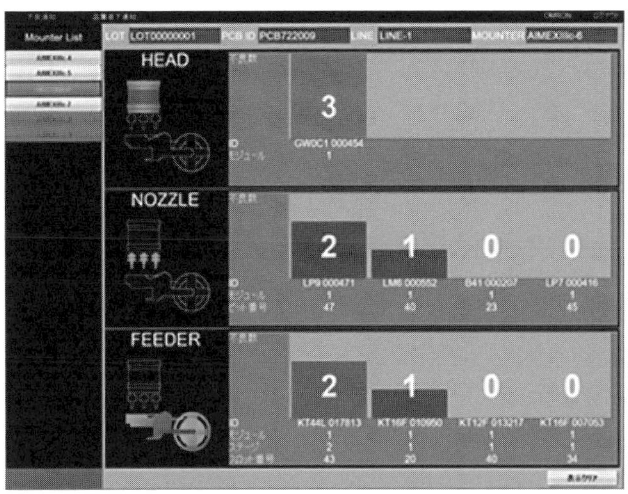

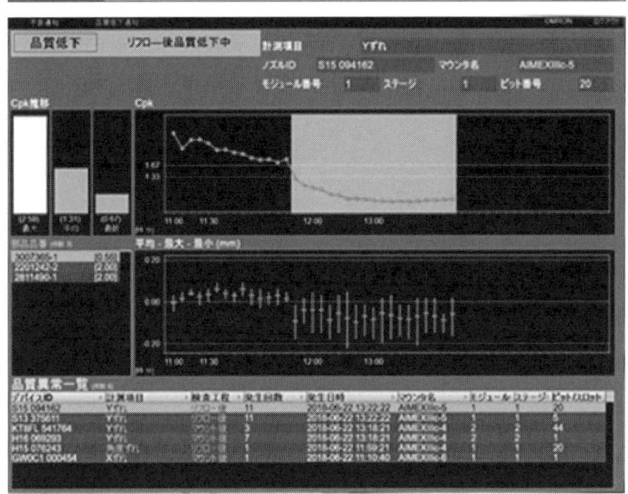

図 8-8　品質システムの不良通知機能（上）と品質低下通知機能（下）の例

理を行います。そして検査結果との紐付けは、図 8-7 のように基板のシリアル番号と個片番号、回路番号を用いる必要があります。

このような情報を元に、工程能力指数や管理図等の手法を用い、不良要因の特定や予兆検知を行う研究が進んできています。図 8-8 に不良通知と品質低下通知の機能画面の例を示します。

8.3 品質規格とトレーサビリティ

昨今ではグローバル化の影響により公的規格への対応の必要性が高まってきました。ISO-Survey によると、産業分野を問わない ISO9001 において、グローバルではすでに認証が 100 万件をこえています。2015 年の改定においては、リスクに関する記述が目立つようになってきました。これは品質の PDCA を回す以前に、計画の質の向上が重要視されつつあることの表れかもしれません。

また電子化が進む自動車のセクター規格 IATF16949（旧 ISO/TS16949）の認証も、すでに 7 万件近くになっています。中国が最も取得件数が多いのですが、人口比で考えると韓国は日本の数倍以上の取得件数です。この規格は以前から、有効性（主に顧客）とともに効率（主に組織パフォーマンス）が求められてきました。

この規格は 2016 年版にて近年市場で発生してしまった自動車の品質に関わるインシデントが、どう反映されるかが最も着目したい点でしたが、トレーサビリティに対する要求の変化が非常に目立ちました。品質においては、万が一不良が流出してしまった場合に、製品の影響範囲や所在、使用していた部品材料などが即わかるような仕組みを構築しておく必要があります。

自動車の電子機器実装であれば、自動車の使用年数が年々伸びてきたという経緯を踏まえると 15 年などの製品寿命まで考えたトレーサビリティを考える場合もあるかもしれません。また、電子機器が（例えば海外の）完成車メーカに届くまでにどの程度の期間を想定しておくか、加えて工場から製品が出て行く前に何か品質問題が発見されたら、どこまでの後戻りや対策を想定しておくか、といったことが品質におけるコスト削減の重要課題であると思います。万が一の時も顧客の信頼回復を早急に確実にできるようにしておくことで、販売機会損失や事業機会損失を生じさせないようにしておく必要があります。

また、工程管理に関してはコアツールの活用が要求されることもあります。これまでに記してきた工程能力指数（Cp, Cpk）もコアツールのひとつです。ただし気を付けなければならないのは、手段が目的化しないことだと思います。品質ゲートを厳しくし過ぎると、その副作用は別のところに来る場合があります。しかし、そのような規格要求が来た時に対応できるような仕組化を日頃から考えておくと後々規格運用の形骸化、ダブルスタンダード化などの課題を生じさせるリスクを低減できるのではないでしょうか。

以下、参考までに**図 8-9** に品質規格の流れや統一の概要を図示します。

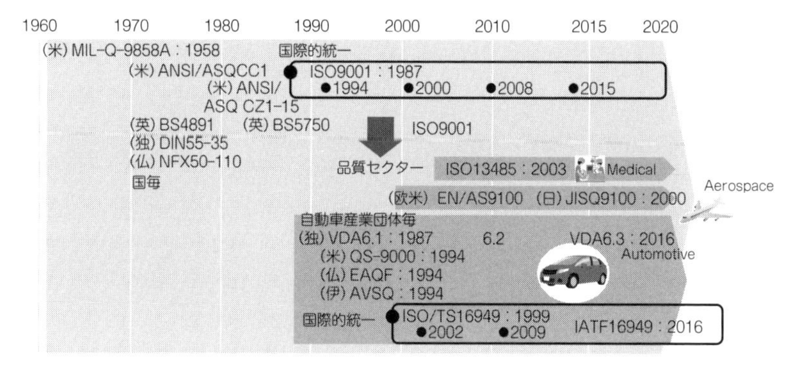

図 8-9　品質規格の流れ（概要）

索　引

【あ　行】

【か　行】

【た　行】

【な　行】

【は　行】

【ま　行】

【や　行】

【ら　行】

【わ　行】

参考文献・参考ウエブサイト

第２章

１）A. V Feigenbaum (1981). Total Quality Control 3rd ed. Mcgraw hill, 851

２）梶原武久（2008）。品質コストの管理会計―実証分析で読み解く日本的品質管理。中央経済社

３）廣本敏郎、挽　文子（2015）。原価計算論。第３版、中央経済社

第４章

１）電子情報技術産業協会。（2019）。2019年度版　実装技術ロードマップ。電子情報技術産業協会

第７章

１）IEA.（2013年06月21日）. INTERNATIONAL ENGINEERING ALLIANCE. 参照日：2019年11月11日、参照先：Graduate Attributes and Professional Competencies: https://www.ieagreements.org/assets/Uploads/Documents/Policy/Graduate-Attributes-and-Professional-Competencies.pdf

２）Larry J. Shuman. (2005). Journal of Engineering Education. Retrieved 11 11, 2019, from The ABET “Professional Skills” Can They Be Taught? Can They Be Assessed?. 参照日：2019年11月11日、参照先：http://bioinfo.uib.es/~joemiro/semdoc/PlansEstudis/ABET_Criteria_PTE/AbetProfessionalSkills_JEE2005.pdf

４）ドミトリ・チェルノフ、ディディエ・ソネット。（2017）。橘明美、坂田節子訳。大惨事と情報隠蔽。草思社、552。

５）日本技術士会。（2018年03月31日）。技術士 Professional Engineer とは。参照日：2019年11月11日、参照先：日本技術士会：https://www.engineer.or.jp/c_topics/000/attached/attach_260_1.pdf

6）日本技術士会。（2018年03月31日）。技術士会概要。参照日：2019年11月11日、参照先：日本技術士会：https://www.engineer.or.jp/c_topics/000/attached/attach_260_1.pdf

7）日本技術士会。(2019年05月25日)。国際エンジニアリング連合（IEA）について。参照日：2019年11月11日、参照先：日本技術士会：https://www.engineer.or.jp/c_cmt/kokusai/topics/005/005591.html

8）日本技術者教育認定機構。認定のしくみ・認定基準。参照日：2019年11月11日、参照先：日本技術者教育認定機構：https://jabee.org/about_jabee/accreditation_system

9）日本経済団体連合会。(2018年11月22日)。2018年度　新卒採用に関するアンケート調査結果。参照日：2019年11月11日、参照先：日本経済団体連合会：https://www.keidanren.or.jp/policy/2018/110.pdf

●著者紹介

杉山 俊幸（すぎやま としゆき）

オムロン株式会社にて検査に30年以上携わる検査事業の技術専門職。
システム機器の品質評価・検査自動化等を担った後、シート材の自動検査システムの設計・製造及び、電子機器実装の検査システムのフィールド開発・プロダクトマネージャーを経て、現在は品質経営や実装検査コンサルティング業務に従事。

2013年に技術士（経営工学）登録、2014年にJPCA認定制度PWBコンサルタント、2015年にIPEA国際エンジニア/APECエンジニア（Industrial）に認証。

日本技術士会会員。エレクトロニクス実装学会（JIEP）、電子情報技術産業協会（JEITA）、日本溶接協会（JWES）、米国電子回路協会（IPC）にて品質・実装・検査等に関わる委員を務める。

●監修者紹介

髙木 清（たかぎ きよし）

1932年生まれ、1955年横浜国立大学工学部卒業。同年富士通㈱入社。電子材料、多層プリント配線板技術の研究開発に従事。1989年古河電気工業㈱、㈱ADEKAの顧問、1994年高木技術士事務所を開設、プリント配線板関連技術のコンサルタントとして現在に至る。

1971年技術士（電気電子部門）登録。㈳プリント回路学会（現、（一社）エレクトロニクス実装学会）理事、㈳日本電子回路工業会JIS原案作成委員などを歴任。
2011年（平成23年）㈳エレクトロニクス実装学会、学会賞（平成22年度）受賞。
同学会、名誉会員。よこはま高度実装コンソーシアム理事、NPO法人サーキットネットワーク監事、（公社）化学工学会エレクトロニクス部会幹事。

著書：「多層プリント配線板製造技術」1993年、「ビルドアップ多層プリント配線板技術」2000年、「よくわかるプリント配線板のできるまで（3版）」2011年、「トコトンやさしいプリント配線板の本 第2版」2018年
共著：「プリント回路技術用語辞典（3版）」2010年、「入門プリント基板の回路設計ノート」2009年、「プリント板と実装技術・キーテーマ&キーワードのすべて」2005年（以上、いずれも、日刊工業新聞社刊）。

よくわかる電子機器実装の
品質不良検査とコスト削減

NDC549

2020年5月25日　初版1刷発行

（定価はカバーに
表示してあります）

© 著　者　杉山　俊幸
監　修　髙木　清
発行者　井水　治博
発行所　日刊工業新聞社
〒103-8548　東京都中央区日本橋小網町14-1
電　話　書籍編集部　03（5644）7490
販売・管理部　03（5644）7410
ＦＡＸ　03（5644）7400
振替口座　00190-2-186076
ＵＲＬ　http://pub.nikkan.co.jp/
e-mail　info@media.nikkan.co.jp
印刷・製本　美研プリンティング

落丁・乱丁本はお取り替えいたします。
2020 Printed in Japan
ISBN 978-4-526-08062-3　C3054